ŒUVRES

DE

M.-B. GOUDIN,

CONTENANT UN TRAITÉ SUR LES PROPRIÉTÉS COMMUNES A TOUTES LES COURBES, UN MÉMOIRE SUR LES ÉCLIPSES DE SOLEIL, ET UN SUR LES USAGES DE L'ELLIPSE DANS LA TRIGONOMÉTRIE SPHÉRIQUE.

NOUVELLE ÉDITION.

DE L'IMPRIMERIE DE MARCHANT.

A PARIS,

Chez BERNARD, Libraire de l'École Polytechnique et des Ponts et Chaussées, quai des Augustins, n°. 31, près celle Gît-le-Cœur.

AN XI. — M. DCCC. III.

« Nous regardons le TRAITÉ DES PROPRIÉTÉS COMMUNES A TOUTES
» LES COURBES comme un très-bon suplément à l'Ouvrage du
» Marquis de l'Hôpital, sur l'ANALYSE DES INFINIMENT PETITS; et
» nous y renvoyons avec d'autant plus de plaisir, que nous savons
» qu'il est de bonne main. L'auteur est avantageusement connu des
» Géomètres par plusieurs ouvrages, et sur tout par son travail du
» TRAITÉ DES COURBES ALGÉBRIQUES, un des meilleurs en ce genre ».

(*Extrait de l'*ANALYSE DES INFINIMENT PETITS, *édition de* 1781, *page* 142).

ERRATA.

Page 29, ligne 7. $-f.\sin^2.n.dh$, lisez $+f.\sin^2.n.dh$.

31, 15. dn, lisez du.

34, 11. $\int dy$, lisez $f dy$.

45, 14. $\sqrt{du - dx^2}$, lisez $\sqrt{du^2 - dx^2}$.

54, 2. $knxy$, lisez $kuxy$.

63, 4. $fh = b^2$, lisez $-fh = b^2$.

102, 25. effacez troisième.

104, 6. latitude, lisez phase.

PRÉFACE.

CHAQUE courbe est distinguée de toute autre par des propriétés qui la caractérisent : c'est une relation entre deux coordonnées qui la désigne et qui fixe sa nature. Les coordonnées les plus usitées sont deux lignes droites perpendiculaires entr'elles ; mais il s'en faut bien que ce soit les seules possibles : toutes les quantités déterminées par la nature de la courbe peuvent être prises pour coordonnées. Ainsi, quand on dit qu'à chaque point de la spirale logarithmique, le rayon vecteur et la perpendiculaire sur la tangente sont dans un raport constant, cette propriété est une équation de la courbe. De toutes les équations propres à désigner une même courbe, il arrive toujours que les unes sont algébriques, et les autres transcendantes. Si donc on avoit un traité de courbes algébriques relativement à chaque combinaison de deux coordonnées, il s'en trouveroit toujours quelqu'un applicable à la courbe qui seroit proposée. Il est vrai que toute relation entre deux coordonnées n'est pas propre à remplir le même but, la relation ordinaire entre deux lignes droites faisant un angle constant; et celle entre le rayon vecteur et l'angle traversé sont les seules propres à assigner chaque point de la courbe, et à en donner la description; mais chaque combinaison a son usage particulier. Si on prend pour coordonnées le rayon vecteur et la perpendiculaire sur la tangente, et que leur relation se trouve algébrique, je ne doute pas que les propriétés de la perpendiculaire sur la tangente ne soient très-propres à donner les propriétés des branches infinies.

Toute courbe propre à résoudre un problême est indiquée par une de ses propriétés, et cette propriété est une équation de la courbe : c'est donc la nature de la question qui fait tomber primitivement sur une des équations de la courbe plutôt que sur une autre. Il faut donc savoir transformer une équation quelconque d'une courbe en une autre, qui ait des coordonnées différentes; et si on approfondit cette question, on verra qu'elle renferme presque tous les problêmes sur les courbes. Demander l'expression du rayon de courbure en x, c'est vouloir transformer la relation des x et des y en une relation entre les x et les rayons de courbure.

Demander la courbe dont la soutangente a une certaine relation avec les y, c'est vouloir transformer la relation des y et des soutangentes en une relation entre x et y. Pour exécuter ces transformations, il faut savoir que si on combine les coordonnées trois à trois, chaque combinaison de trois coordonnées a une relation essentielle commune à toutes les courbes, et indépendante de toute propriété particulière ; c'est une suposition de plus faite dans cette relation, qui la réduit à deux variables, et qui en fait l'équation d'une certaine courbe. Ces formules générales se joignent donc aux équations particulières pour faciliter les éliminations : si j'ai une relation entre deux variables, et que je veuille leur substituer deux autres, je joins à mon équation les deux formules à trois variables entre chacune des miennes et les deux que je veux introduire, et alors j'ai assez d'équations pour éliminer, sauf les difficultés de calcul pour réaliser l'élimination.

Le besoin a d'abord forcé de chercher les formules qui devoient être du plus grand usage : telles sont les relations entre l'abscisse, l'ordonnée et la soutangente, entre l'abscisse, l'ordonnée et la sounormale, entre l'abscisse, l'ordonnée et le rayon de courbure. Ce n'est qu'une bien petite partie des formules possibles : si on considère 8, 9, 10 variables, on trouve que leurs combinaisons trois à trois, sont 56, 84, 120. Quand on ne connoîtroit d'autre problême que celui du rayon de courbure, ce seroit un inconvénient de n'avoir sa relation qu'avec les x et les y, puisque, si la courbe a d'autres coordonnées, il faudra transformer son équation en une autre en x et y pour en déduire l'expression du rayon de courbure, et ensuite transformer cette expression pour la ramener aux coordonnées primitives, tandis que ces coordonnées avoient une relation directe avec le rayon de courbure.

C'est la recherche des formules à trois variables qui fait l'objet de notre travail ; c'est la détermination des propriétés communes à toutes les courbes. Ces formules nous ont paru aussi curieuses qu'utiles en géométrie, et avoir des applications continuelles dans les parties mixtes. Nous croyons avoir servi les géomètres en les calculant, et en les leur présentant réunies dans un même ouvrage, pour y avoir recours à mesure qu'ils en auroient besoin, sans même s'inquiéter des démonstrations. Nous avons suprimé celles qui sautent aux yeux de tout géomètre : pour faciliter les autres, nous nous sommes astreints, autant qu'il a été possible, à ne les fonder que sur des substitutions, et à éviter les constructions géométriques. Si on prend la peine de suivre ces substitutions, on verra qu'il a fallu en inventer d'assez singulières, et que plusieurs des combinaisons ont associé trois variables dont il n'étoit pas facile de trouver la relation.

J'ai calculé les formules entre quatre coordonnées, 1°. parce que la plupart servent de lemmes pour démontrer les relations entre trois coordonnées, et 2°. parce que souvent elles sont plus commodes dans la pratique. On en verra des exemples dans l'application des formules aux équations de l'ellipse. Lorsque trois coordonnées ont entr'elles une relation algébrique, on ne peut leur associer une quatrième coordonnée qu'en donnant à ces quatre variables une relation différentielle. Toute relation entre trois ou quatre coordonnées est essentiellement différentielle quand elle contient le périmètre ou le rayon de courbure : toute autre association entre quatre coordonnées a une relation algébrique et une relation différentielle, sans que la seconde soit ou puisse être donnée par la différenciation de la première. Cette proposition mérite grandement d'être remarquée.

Ce Traité peut être considéré comme un développement de la proposition 78e. du *Traité des infiniment petits*, édition de 1781.

TRAITÉ

DES PROPRIÉTÉS COMMUNES

A TOUTES LES COURBES.

1. Soit une courbe continue quelconque algébrique ou transcendante, decrite sur un plan ; soit un point quelconque de ce plan pris pour origine des coordonnées. A un point quelconque de la courbe, soit x l'abscisse, y l'ordonnée, t le rayon vecteur, f la normale, h la perpendiculaire sur la tangente, k le rayon de courbure, u le périmètre, r un sinus total, c'est-à-dire le rayon constant, mais arbitraire d'un cercle qui ait pour centre l'origine des coordonnées de la courbe, et qui serve à mesurer les angles que font entr'elles la ligne des abscisses, la perpendiculaire sur la tangente, et le rayon vecteur ; z l'angle du rayon vecteur avec la ligne des abscisses ; m l'angle de la ligne des abscisses avec la tangente, et n l'angle de la tangente avec le rayon vecteur. Nous n'employons pas la soutangente et la sounormale ; parce qu'elles feroient double emploi avec l'angle m, et parce que le nombre des formules en seroit trop augmenté.

2. On a $t^2 = x^2 + y^2$.

3. On a $m = n + z$. Je prends cette supposition pour éviter les signes négatifs.

4. On a $hr = t.\sin.n$ ou $rtdh - hrdt = tdn.\sqrt{t^2 - h^2}$.

5. On a $ry = f.\cos.m$ ou $rydf - frdy = f.dm.\sqrt{f^2 - y^2}$.

6. On a $rx = t.\cos.z$ ou $rx.dt - rt.dx = t.dz.\sqrt{t^2 - x^2}$.

7. On a $ry = t.\ sin.\ z$ ou $rtdy - rydt = tdz. \sqrt{t^2 - y^2}$.

8. On a $ry = x.\ tang.\ z$ ou $rxdy - rydx = dz.(x^2 + y^2)$.

9. Egalons les deux valeurs de t prises des équations des n°s. 2 et 4, nous trouverons $hr = sin.\ n. \sqrt{x^2 + y^2}$, ou $hr = tang.\ n. \sqrt{x^2 + y^2 - h^2}$.

10. Egalons les deux valeurs de n prises des équations des n°s. 3 et 4, nous trouverons $hr = t.\ sin.\ (m - z)$.

11. Egalons les deux valeurs de y prises des équations des n°s 2 et 5, nous trouverons $f.\ cos.\ m = r. \sqrt{t^2 - x^2}$.

12. Egalons les deux valeurs de m prises des équations des n°s. 3 et 5, nous trouverons $ry = f.\ cos.\ (n + z)$.

13. Egalons les deux valeurs de t prises des équations des n°s. 4 et 6, nous trouverons $h.\ cos.\ z = x.\ sin.\ n$.

14. Les équations des n°s. 4 et 7 donneroient $h.\ sin.\ z = y.\ sin.\ n$.

15. Egalons les deux valeurs de y prises des équations des n°s. 5 et 7, nous trouverons $f.\ cos.\ m = t.\ sin.\ z$.

16. L'équation du n°. 3 donne $cos.\ m = cos.\ (n + z)$; donc (*trig.*) $r.\ cos.\ m = cos.\ n.\ cos.\ z - sin.\ n.\ sin.\ z$; donc $rt.\ cos.\ m = t.\ cos.\ n.\ cos.\ z - t.\ sin.\ n.\ sin.\ z$; donc (n°s. 2, 6, et 7) $cos.\ m, \sqrt{x^2 + y^2} = x.\ cos.\ n - y.\ sin.\ n$.

Ou bien l'équation du n°. 3 donne $sin.\ n = sin.\ (m - z)$, donc $r.\ sin.\ n = sin.\ m.\ cos.\ z - sin.\ z.\ cos.\ m$, donc $sin.\ n. \sqrt{x^2 + y^2} = x.\ sin.\ m - y.\ cos.\ m$.

17. Egalons les deux valeurs de $x^2 + y^2$ prises de l'équation du n°. 2, et de la seconde équation du n°. 8, nous trouverons $t^2\ dz = rxdy - rydx$.

18. Egalons les deux valeurs de y prises des équations des n°s. 5 et 8, nous trouverons $f.\ cos.\ m = x.\ tang.\ z$.

19. Avec les équations des n°s. 3 et 13, éliminons z, nous trouverons $h.\ cos.\ (m - n) = x.\ sin.\ n$, donc (*trig.*) $h.\ sin.\ m.\ sin.\ n + h.\ cos.\ m.\ cos.\ n = rx.\ sin.\ n$, donc $rx.\ sin.\ n - h.\ sin.\ m.\ sin.\ n =$
$h.\ cos.\ m.\ cos.\ n$,

$h.\cos.m.\cos.n$, donc $r^2x - hr.\sin.m. = h.\cos.m.\cot.n$, ou $x.\sec.m - h.\tang.m = h.\cot.n$.

20. L'élimination de n donneroit $rx.\sin.m - hr^2 = x.\cos.m.\tang.z$, ou $x.\tang.m - h.\sec.m = x.\tang.z$.

21. Avec les équations des n°s. 3 et 14, si on élimine z, on trouve $r^2y + hr.\cos.m = h.\sin.m.\cot.n$, ou $h.\cot.m + y.\mathrm{cosec}.m = h.\cot.n$.

22. L'élimination de n donneroit $hr^2 + ry.\cos.m = y.\sin.m.\cot.z$, ou $h.\mathrm{cosec}.m + y.\cot.m = y.\cot.z$.

23. Avec les équations des n°s. 3 et 15, éliminons m, nous trouverons $f.\cos.(n+z) = t.\sin.z$, donc (*trig.*) $f.\cos.n.\cos.z - f.\sin.n.\sin.z = rt.\sin.z$, donc $rt.\sin.z + f.\sin.n.\sin.z = f.\cos.n.\cos.z$, donc $r^2t + fr.\sin.n = f.\cos.n.\cot.z$, ou $f.\tang.n + t.\sec.n = f.\cot.z$.

24. L'élimination de z donneroit $fr^2 + rt.\sin.n = t.\cos.n.\tang.m$, ou $f.\sec.n + t.\tang.n = t.\tang.m$.

25. Avec l'équation du n°. 2, éliminons y dans les équations du n°. 16, nous trouverons $t.\cos.m = x.\cos.n. - \sin.n.\sqrt{t^2 - x^2}$, et $t.\sin.n = x.\sin.m - \cos.m.\sqrt{t^2 - x^2}$.

26. L'élimination de x donneroit $t.\cos.m = \cos.n.\sqrt{t^2 - y^2} - y.\sin.n$, et $t.\sin.n = \sin.m.\sqrt{t^2 - y^2} - y.\cos.m$.

27. Avec les équations des n°s. 5 et 16, éliminons m, nous trouverons $ry.\sqrt{x^2 + y^2} = fx.\cos.n - fy.\sin.n$.

28. Egalons les deux valeurs de $\sin.n.\sqrt{x^2 + y^2}$ prises des équations des n°s. 9 et 16, nous trouverons $hr = x.\sin.m - y.\cos.m$.

29. Avec les équations des n°s. 3 et 18, éliminons z, nous trouverons $f.\cos.m = x.\tang.(m-n)$.

30. L'élimination de m donneroit $f.\cos.(n+z) = x.\tang.z$.

31. Avec les équations des n°s. 4 et 23, éliminons n, nous trouverons $r.(t^2 + fh) = f.\cot.z.\sqrt{t^2 - h^2}$, ou $r.(t^2 + fh) = t.\cos.z.\sqrt{f^2 + 2fh + t^2}$, ou $fr.\sqrt{t^2 - h^2} = t.\sin.z.\sqrt{f^2 + 2fh + t^2}$, ou

$2\,rt = (f^2.\,cot^2.\,z - 2\,fhr^2 + 2\,fhr.\,cosec.\,z)^{\frac{1}{2}} \pm (f^2.\,cot^2.\,z - 2\,fhr^2 - 2\,fhr.\,cosec.\,z)^{\frac{1}{2}}$.

32. Egalons les deux valeurs de t prises des équations des n°s. 4 et 24, nous trouverons $h.\,tang.\,m = tang.\,n.\,(f+h)$.

33. L'élimination de n donneroit $fr + hr = tang.\,m.\,\sqrt{t^2 - h^2}$, ou $fr + hr = sin.\,m.\,\sqrt{f^2 + 2\,fh + t^2}$, ou $r.\,\sqrt{t^2 - h^2} = cos.\,m.\,\sqrt{f^2 + 2\,fh + t^2}$.

34. Avec les équations des n°s. 2 et 28, éliminons y, nous trouverons $hr = x,\,sin.\,m - cos.\,m.\,\sqrt{t^2 - x^2}$.

35. L'élimination de x donneroit $hr = sin.\,m.\,\sqrt{t^2 - y^2} - y.\,cos.\,m$.

36. Avec les équations des n°s. 5 et 28, éliminons m, nous trouverons $y^2 + fh = x.\,\sqrt{f^2 - y^2}$, ou $hy^2 + f.\,(h^2 - x^2) = xy.\,\sqrt{x^2 + y^2 - h^2}$, ou $2\,y = (-x^2 - 2\,fh + 2\,f.\,\sqrt{h^2 - x^2})^{\frac{1}{2}}$; $\pm (-x^2 - 2\,fh - 2\,f.\,\sqrt{h^2 - x^2})^{\frac{1}{2}}$.

37. Avec la première équation du n°. 4, et la quatrième équation du n°. 31, éliminons t, nous trouverons $2\,h.\,cosec.\,n = (f^2.\,cot^2.\,z - 2\,fhr^2 + 2\,fhr.\,cosec.\,z)^{\frac{1}{2}} \pm (f^2.\,cot^2.\,z - 2\,fhr^2 - 2\,fhr.\,cosec.\,z)^{\frac{1}{2}}$.

38. Egalons les deux valeurs de $cos.\,z$ prises des équations des n°s. 6 et 31, nous trouverons $t^2 + fh = x.\,\sqrt{f^2 + 2\,fh + t^2}$, ou $fh + t^2 - x^2 = x.\,\sqrt{f^2 - t^2 + x^2}$, ou $f.\,(h^2 - x^2) + h.\,(t^2 - x^2) = x.\,\sqrt{t^2 - h^2}.\,\sqrt{t^2 - x^2}$, ou

$$2\,t = (x^2 - 2\,fh + 2\,\sqrt{f^2 h^2 - 2\,fhx^2 - f^2 x^2})^{\frac{1}{2}} \pm (x^2 - 2\,fh - 2\,\sqrt{f^2 h^2 - 2\,fhx^2 - f^2 x^2})^{\frac{1}{2}}.$$

39. Egalons les deux valeurs de $sin.\,z$ prises des équations des n°s. 7 et 31, nous trouverons $f.\,\sqrt{t^2 - h^2} = y.\,\sqrt{f^2 + 2\,fh + t^2}$, ou

$fh + y^2 = \sqrt{f^2 - y^2}. \sqrt{t^2 - y^2}$, ou $hy^2 + f.(h^2 - t^2 + y^2) = y. \sqrt{t^2 - h^2}. \sqrt{t^2 - y^2}$, ou $t. \sqrt{f^2 - y^2} = \sqrt{f^2 y^2 + 2fhy^2 + f^2 h^2}$.

40. Avec la première équation du n°. 7, et la quatrième équation du n°. 31, éliminons t, nous trouverons $2y. cosec. z = (f^2 cot^2. z - 2fhr^2 + 2fhr. cosec. z)^{\frac{1}{2}}. \pm (f^2 cot^2. z - 2fhr^2 - 2fhr. cosec. z)^{\frac{1}{2}}$.

41. Avec les équations des n°s. 15 et 31, éliminons t, nous trouverons $2\, fr. cos.\, m = sin. z. (f^2 cot^2. z - 2fhr^2 + 2fhr. cosec. z)^{\frac{1}{2}} \pm sin. z. (f^2. cot^2. z - 2fhr^2 - 2fhr. cosec. z)^{\frac{1}{2}}$.

42. Avec les équations des n°s. 5 et 36, éliminons y, nous trouverons $2\, fr. cos.\, m = r. (- x^2 - 2fh + 2f. \sqrt{h^2 - x^2})^{\frac{1}{2}} \pm r. (- x^2 - 2fh - 2f. \sqrt{h^2 - x^2})^{\frac{1}{2}}$.

L'équation du n°. 28 donneroit $hr^2 = rx. sin.\, m - f. cos^2.\, m$, ou $2f. sin.\, m = - rx \pm r. \sqrt{4f^2 + 4fh + x^2}$.

43. Avec les équations des n°s. 4 et 38, éliminons t, nous trouverons $fhr^2 + h^2 cosec^2.\, n = rx. (f^2 r^2 + 2fhr^2 + h^2. cosec^2.\, n)^{\frac{1}{2}}$, ou $2\, h. cosec.\, n = r. (x^2 - 2fh + 2\sqrt{f^2 h^2 - 2fhx^2 - f^2 x^2})^{\frac{1}{2}} \pm r. (x^2 - 2fh - 2\sqrt{f^2 h^2 - 2fhx^2 - f^2 x^2})^{\frac{1}{2}}$.

44. L'élimination de h donneroit $t. (rt + f. sin.\, n) = x. (r^2 t^2 + 2frt. sin.\, n + f^2 r^2)^{\frac{1}{2}}$, ou $ft. sin.\, n + rt^2 - rx^2 = rx. \sqrt{f^2 - t^2 + x^2}$, ou $fx. cos.\, n = (rt + f. sin.\, n). \sqrt{t^2 - x^2}$.

45. Avec les équations des n°s. 6 et 31, éliminons t, nous trouverons $2\, x. sec.\, z = (f^2 cot^2. z - 2fhr^2 + 2fhr. cosec. z)^{\frac{1}{2}} \pm (f^2. cot^2. z - 2fhr^2 - 2fhr. cosec. z)^{\frac{1}{2}}$.

Ou bien avec les équations des n°s. 6 et 38, éliminons t, nous trouverons $2\, rx = cos.\, z. (x^2 - 2fh + 2\sqrt{f^2 h^2 - 2fhx^2 - f^2 x^2})^{\frac{1}{2}} \pm cos.\, z. (x^2 - 2fh - 2\sqrt{f^2 h^2 - 2fhx^2 - f^2 x^2})^{\frac{1}{2}}$.

46. Avec les équations des nos. 4 et 39, éliminons t, nous trouverons $fh.\ cot.\ n = y.\ (f^2 r^2 + 2\, fhr^2 + h^2.\ cosec^2.\ n)^{\frac{1}{2}}$, ou $hr.\sqrt{f^2 - y^2} = sin.\ n.\ (f^2 y^2 + 2 fhy^2 + f^2 h^2)^{\frac{1}{2}}$.

47. L'élimination de h donneroit $ft.\ cos.\ n = y.\ (f^2 r^2 + 2\, frt.\ sin.\ n. + r^2\ t^2)^{\frac{1}{2}}$, ou $ry^2 + ft.\ sin.\ n = r.\ \sqrt{f^2 - y^2}.\ \sqrt{t^2 - y^2}$.

48. On a $rdy = tang.\ m.\ dx$, ou $rdx = cos.\ m.\ \sqrt{dx^2 + dy^2}$, ou $rdy = sin.\ m.\ \sqrt{dx^2 + dy^2}$.

49. La première équation du n°. 48 donne $rydy = y.\ tang.\ m.\ dx$ et $rxdx = x.\ cot.\ m.\ dy$; substituons à ydy et à xdx leurs valeurs prises de l'équation du n°. 2, nous trouverons $rtdt - rxdx = y.\ tang.\ m.\ dx$ et $rtdt - rydy = x.\ cot.\ m.\ dy$.

50. Avec les mêmes équations, éliminons y, nous trouverons $rtdt - rxdx = tang.\ m.\ dx.\ \sqrt{t^2 - x^2}$.

51. L'élimination de x donneroit $rtdt - rydy = cot.\ m.\ dy.\ \sqrt{t^2 - y^2}$.

52. La première équation du n°. 48 donne $rydy = y.\ tang.\ m.\ dx$, et $\frac{rdy}{y} = \frac{tang.\ m.\ dx}{y}$; dans le second membre seulement de chacune de ces deux équations, substituons à y sa valeur prise de l'équation du n°. 5, nous trouverons $rydy = f.\ sin.\ m.\ dx$, et $\frac{rdx}{f} = \frac{dy}{y}.\ (cosec.\ m - sin.\ m)$.

53. Avec les équations des nos. 5 et 48, éliminons y, nous trouverons $f.\ cos.\ m = f.\ tang.\ m.\ dx$, ou $sec.\ m.\ dx = cot.\ m.\ df - fdm$ ou $rx + f.\ sin.\ m = f.\ cosec.\ m.\ df$.

54. Egalons les deux valeurs de $cos.\ m$ prises des équations des nos. 5 et 48, nous trouverons $fdx = y.\ \sqrt{dx^2 + dy^2}$ ou $ydy = dx.\sqrt{f^2 - y^2}$.

55. L'équation du n°. 3 donne $cos.\ n = cos.\ (m - z)$, donc (*trig.*) $r.\ cos.\ n = sin.\ m.\ sin.\ z + cos.\ m.\ cos.\ z$; substituons

à *sin.* z et à *cos.* z leurs valeurs prises des équations des n°s. 6 et 7, à *sin.* m et à *cos.* m leurs valeurs prises des équations du n°. 48, nous trouverons $rxdx + rydy = t.\cos. n. \sqrt{dx^2 + dy^2}$; substituons tdt (n°. 2) à $xdx + ydy$, nous aurons $rdt = \cos. n. \sqrt{dx^2 + dy^2}$.

56. L'équation du n°. 48 donne $\frac{tang. m. dx}{x} = \frac{rdy}{x}$, dans le second membre seulement de cette équation, substituons à x sa valeur prise de l'équation du n°. 8, nous trouverons $\frac{tang. m. dx}{x} = \frac{tang. z. dy}{y}$.

57. Avec les équations des n°s. 8 et 48, éliminons y, nous trouverons $x. tang. z = \int. tang. m. dx$, ou $\frac{dx}{x} = \frac{diff. tang. z}{tang. m - tang. z}$.

58. L'élimination de x donneroit $y. \cot. z = \int. \cot. m\ dy$, ou $\frac{dy}{y} = \frac{diff. \cot. z}{\cot. m. - \cot. z}$.

59. Dans l'équation du n°. 28, substituons à *sin.* m et à *cos.* m leurs valeurs prises des équations du n°. 48, nous trouverons $xdy - ydx = h. \sqrt{dx^2 + dy^2}$.

60. L'équation du n°. 28 donne $h.\ sec. m = x.\ tang. m - ry$, donc (n°. 48) $h.\ sec.\ m = x.\ tang.\ m - \int.\ tang.\ m.\ dx$, ou $h.\ sec.\ m = \int.\ x.\ diff.\ tang.\ m$, donc $rxdm = r.\ \cos.\ m.\ dh + h.\ \sin.\ m.\ dm$.

61. L'équation du n°. 28 donne également $h.\ cosec.\ m = rx - y.\ \cot.\ m$, donc (n°. 48) $h.\ cosec.\ m = \int.\ \cot.\ m.\ dy - y.\ \cot.\ m$, ou $h.\ cosec.\ m = -\int.\ y.\ diff.\ \cot.\ m$, donc $rydm = r.\ \sin.\ m.\ dh - h.\ \cos.\ m.\ dm$.

62. Avec l'équation du n°. 2, et la première équation du n°. 52, éliminons y, nous trouverons $rtdt - rxdx = \int. \sin. m.\ dx$.

63. L'élimination de x donneroit $\sqrt{t^2 - y^2} = \int. \frac{rydy}{f. \sin. m.}$.

64. Avec l'équation du n°. 8, et la première équation du n°. 52, éliminons x, nous trouverons $y.\ \cot. z = \int. \frac{y.\ cosec.\ m.\ dy}{f}$.

65. Egalons les deux valeurs de x prises de l'équation du n°. 11, et de la troisième équation du n°. 53, nous trouverons $f.\ \sin.\ m + \sqrt{r^2 t^2 - f^2. \cos^2. m} = \int. cosec.\ m.\ df$.

66. Dans la seconde équation du n°. 53, substituons (n°. 18) $\frac{f.\ cot.\ z}{x}$ à $sec.\ m$, nous trouverons $\frac{f.\ cot.\ z.\ dx}{x} = cot.\ m.\ df - fdm$.

67. Dans la seconde équation du n°. 54, substituons (n°. 2) $t^2 - x^2$ à y^2 et $\sqrt{t^2 - x^2}$ à y, nous trouverons $dy.\ \sqrt{t^2 - x^2} = dx.\ \sqrt{f^2 - t^2 + x^2}$.

68. Avec l'équation du n°. 2, et la seconde équation du n°. 54, éliminons y, nous trouverons $tdt - xdx = dx.\ \sqrt{f^2 - t^2 + x^2}$.

69. L'élimination de x donneroit $\sqrt{t^2 - y^2} = \int.\ \frac{y\,dy}{\sqrt{f^2 - y^2}}$.

70. Avec l'équation du n°. 6, et la seconde équation du n°. 54, éliminons x, nous trouverons $t.\ cos.\ z = \int.\ \frac{ry\,dy}{\sqrt{f^2 - y^2}}$.

71. Dans la seconde équation du n°. 54, substituons (n°. 8) $x.\ tang.\ z$ à ry, et $x^2.\ tang^2.\ z$ à r^2y^2, nous trouverons $x.\ tang.\ z.\ dy = dx.\ \sqrt{f^2r^2 - x^2.\ tang^2.\ z}$.

72. Avec l'équation du n°. 8, et la seconde équation du n°. 54, éliminons y, nous trouverons $x^2.\ tang^2.\ z = \int.\ 2\,r\,dx.\ \sqrt{f^2r^2 - x^2.\ tang^2.\ z}$.

73. L'élimination de x donneroit $y.\ cot.\ z = \int.\ \frac{ry\,dy}{\sqrt{f^2 - y^2}}$.

74. Egalons les deux valeurs de $\sqrt{f^2 - y^2}$, prises de la première équation du n°. 36, et de la seconde équation du n°. 54, nous trouverons $\frac{dx}{x} = \frac{y\,dy}{y^2 + fh}$ ou $\frac{y^2}{x^2} = \int.\ 2fhx^{-3}\,dx$.

75. Avec les équations des n°s. 4 et 55, éliminons t, nous trouverons $r^2\,dh - h.\ cot.\ n.\ dn = sin.\ n.\ cos.\ n.\ \sqrt{dx^2 + dy^2}$.

76. Egalons les deux valeurs de $\sqrt{dx^2 + dy^2}$ prises de l'équation du n°. 55, et de la seconde équation du n°. 48, nous trouverons $cos.\ m.\ dt = cos.\ n.\ dx$.

77. La troisième équation du n°. 48 donneroit $sin.\ m.\ dt = cos.\ n.\ dy$.

78. Egalons les deux valeurs de x prises de l'équation du n°. 18,

et de la troisième équation du n°. 53, nous trouverons $fr.\ sin.\ m + f.\ cos.\ m.\ cot.\ z = \int.\ r.\ cosec.\ m.\ df.$

Ou bien égalons les deux valeurs de $\frac{dy}{y}$ prises de l'équation du n°. 5, et de la seconde équation du n°. 58, nous trouverons $\frac{df}{f} - \frac{dm}{cot.\ m} = \frac{diff.\ cot.\ z}{cot.\ m - cot.\ z}$.

79. Egalons les deux valeurs de $x\,dy - y\,dx$ prises des équations des n°s. 8 et 59, nous trouverons $x^2\,dz + y^2\,dz = hr.\sqrt{dx^2 + dy^2}$.

80. Avec les équations des n°s. 2 et 55, éliminons t, nous trouverons $cos.\ n.\sqrt{dx^2 + dy^2} = \frac{rx\,dx + ry\,dy}{\sqrt{x^2+y^2}}$.

Ou bien avec les équations des n°s. 9 et 59, éliminons h, nous trouverons $sin.\ n.\sqrt{x^2 + y^2} = \frac{rx\,dy - ry\,dx}{\sqrt{dx^2+dy^2}}$. Ces valeurs de $sin.\ n$ et de $cos.\ n.$ donnent aussi $tang.\ n = \frac{rx\,dy - ry\,dx}{x\,dx + y\,dy}$.

81. Egalons les deux valeurs de $\sqrt{dx^2 + dy^2}$ prises des équations des n°s. 48 et 59, nous trouverons $\frac{dx}{x} = \frac{r\,dy}{ry + h.\ sec.\ m}$ ou $\frac{dy}{y} = \frac{r\,dx}{rx - h.\ cosec.\ m}$.

82. Dans l'équation du n°. 59, substituons (n°. 17) $t^2\,dz$ à $rx\,dy - ry\,dx$, et (n°. 55) $\frac{r\,dt}{cos.\ n}$ à $\sqrt{dx^2 + dy^2}$, nous trouverons $t^2\,dz = h.\ sec.\ n.\ dt.$ Dans cette équation substituons (n°. 4) $\frac{hr}{sin.\ n}$ à t, nous aurons aussi $r.\ sin.\ n.\ dt = h.\ cot.\ n.\ dz$, ou $\frac{h\,dz}{dt} = sec.\ n - cos.\ n.$

83. Avec les équations des n°s. 13 et 60, éliminons x, nous trouverons $\frac{h\,r.\ cos.\ z.\ dm}{sin.\ n} = r.\ cos.\ m.\ dh + h.\ sin.\ m.\ dm.$

84. Avec les équations des n°s. 5 et 61, éliminons y, nous trouverons $\frac{dh}{f+h} = \frac{dm}{tang.\ m}$ ou $log.\ sin.\ m = \int.\frac{dh}{f+h}$ ou $sin.\ m = e^{\int.\ dh:(f+h)}$.

85. Avec les équations des n°s. 8 et 74, éliminons x, nous trouverons $\frac{y\,dy}{y^2 + fh} = \frac{dy}{y} - \frac{r\,dz}{sin.z.\,cos.z.}$, ou $\frac{r\,dz}{sin.\,z.\,cos.\,z} = \frac{dy}{y} \cdot \frac{fh}{y^2 + fh}$ ou $\frac{ry^3\,dz}{fh} = sin.\,z.\,cos.\,z.\,dy - ry\,dz$.

86. L'élimination de y donneroit $tang^2.\,z = \int.\,2\,fhr^2\,x^{-3}\,dx$, ou $-\,r^2\,x^{-2} = \int.\,f^{-1}\,h^{-1}.\,diff.\,tang^2.\,z$, ou $x^3.\,tang.\,z.\,dz = fh.\,cos^2.\,z.\,dx$.

87. Avec les équations des n°s. 2 et 74, éliminons y, nous trouverons $\frac{t\,dt}{dx} = \frac{t^2 + fh}{x}$, ou (n°. 38) $\frac{t\,dt}{dx} = \sqrt{f^2 + 2\,fh + t^2}$, ou $\frac{t^2}{x^2} = \int.\,2\,fh.\,x^{-3}\,dx$.

88. Egalons les deux valeurs de $\sqrt{dx^2 + dy^2}$ prises de l'équation du n°. 75, et de ~~la seconde équation du n°. 48~~, nous trouverons $\frac{r.\,sin.\,n.\,cos.\,n.\,dx}{cos.\,m} = r^2\,dh - h.\,cot.\,n.\,dn$.

89. La troisième équation du n°. 48 donneroit $\frac{r.\,sin.\,n.\,cos.\,n.\,dy}{sin.\,m} = r^2\,dh - h.\,cot.\,n.\,dn$.

90. L'équation du n°. 3 donne $cot.\,z = cot.\,(m - n)$, donc (*trig.*) $cot.\,z = \frac{r^2 + tang.\,m.\,tang.\,n}{tang.\,m - tang.\,n}$, donc $\frac{cot.\,z}{tang.\,m} = \frac{cot.\,m + tang.\,n}{tang.\,m - tang.\,n}$: dans le premier membre de cette équation, substituons à $cot.\,z$ sa valeur prise de la première équation du n°. 8, et à $tang.\,m$ sa valeur prise de la première équation du n°. 48, nous aurons $\frac{x\,dx}{y\,dy} = \frac{cot.\,m + tang.\,n}{tang.\,m - tang.\,n}$.

Ou bien avec les équations des n°s. 2 et 76, éliminons t, nous trouverons $\sqrt{x^2 + y^2} = \int.\,\frac{cos.\,n.\,dx}{cos.\,m}$. L'équation du n°. 77 donneroit $\sqrt{x^2 + y^2} = \int.\,\frac{cos.\,n.\,dy}{sin.\,m}$.

91. Avec les équations des n°s. 4 et 76, éliminons n, nous trouverons $\frac{r\,dx}{cos.\,m} = \frac{t\,dt}{\sqrt{t^2 - h^2}}$.

92. L'équation du n°. 77 donneroit $\frac{r\,dy}{sin.\,m} = \frac{t\,dt}{\sqrt{t^2 - h^2}}$.

93. Egalons les deux valeurs de dx prises de l'équation du n°. 76, et de la seconde équation du n°. 53, nous trouverons $sec.\ n.\ dt = cot.\ m.\ df - fdm.$

94. Avec les équations des n°s. 5 et 77, éliminons m, nous trouverons $f.\ cos.\ n.\ dy = r\,dt.\sqrt{f^2 - y^2}$.

95. Egalons les deux valeurs de $rxdy - rydx$ prises de la seconde équation du n°. 8, et de la troisième équation du n°. 80, nous trouverons $\frac{dz}{tang.\,n} = \frac{x\,dx + y\,dy}{x^2 + y^2}$, ou $\int.\ cot.\ n.\ dz = r^2.\ log.\sqrt{x^2 + y^2}$.

96. Avec les équations des n°s. 3 et 82, éliminons z, nous trouverons $t^2\,dm - t^2\,dn = h.\,sec.\ n.\ dt$.

97. Avec les équations des n°s. 5 et 84, éliminons m, nous trouverons $\frac{f\,dh}{f+h} = \frac{y.(y\,df - f\,dy)}{f^2 - y^2}$ ou $\int.\frac{dh}{f+h} = log.\ \frac{r}{f}.\sqrt{f^2 - y^2}$.

98. L'équation du n°. 5 donne $y.\ tang.\ m = f.\ sin.\ m$; substituons $\frac{f.\,sin.\,m}{y}$ à $tang.\ m$ dans l'équation du n°. 84, nous trouverons $f.\ sin.\ m.\ dh = y\,dm.(f + h)$.

99. Avec les équations des n°s. 41 et 84, éliminons m, nous trouverons $2fr.\left(r^2 - e^{\int.2dh:(f-h)}\right)^{\frac{1}{2}} = sin.\ z.\left(f^2.\ cot^2.\ z - 2fhr^2 + 2fhr.\ cosec.\ z\right)^{\frac{1}{2}} \pm sin.\ z.\left(f^2.\ cot^2.\ z - 2fhr^2 - 2fhr.\ cosec.\ z\right)^{\frac{1}{2}}$.

100. L'équation du n°. 42 donneroit $2f.\left(r^2 - e^{\int.2dh:(f+h)}\right)^{\frac{1}{2}} = r.\left(-x^2 - 2fh + 2f.\sqrt{h^2 - x^2}\right)^{\frac{1}{2}} \pm r.\left(-x^2 - 2fh - 2f.\sqrt{h^2 - x^2}\right)^{\frac{1}{2}}$.

Si nous éliminons y avec la première équation du n°. 36, et la seconde équation du n°. 74, nous trouverons

$$x + 2f. \frac{x\,df - f\,dx - h\,dx}{f\,dh + h\,df} = \sqrt{x^2 + 4f^2 + 4fh}.$$

101. L'équation du n°. 84 donne $f r^2\, dm + h r^2\, dm = r.\ sin.\ m.\ sec.\ m.\ dh$, donc $h r^2\, dm + f.\ cos^2.\ m.\ dm = r.\ sin.\ m.\ sec.\ m.\ dh - f.\ sin^2.\ m.\ dm$, donc (n°. 60) $r x\, dm = r.\ sec.\ m.\ dh - f.\ sin.\ m.\ dm.$

102. Avec les équations des n°s. 6 et 87, éliminons x, nous trouverons $\frac{dt}{t} - \frac{dz}{cot.\ z} = \frac{t\,dt}{t^2 + fh}$, ou $\frac{dz}{cot.\ z} = \frac{dt}{t}.\ \frac{fh}{t^2 + fh}$, ou $cot.\ z.\ dt - t\,dz = \frac{t^3\, dz}{fh}$.

103. Avec les équations des n°s. 4 et 87, éliminons h, nous trouverons $\frac{r\,dt}{dx} = \frac{rt + f.\ sin.\ n}{x}$, ou (n°. 44) $\frac{r\,dt}{dx} = (f^2 r^2 + 2 f r t.\ sin.\ n + r^2 t^2)^{\frac{1}{2}}$, ou $\frac{rt}{x} = \int f.\ sin.\ n.\ x^{-2}\, dx.$

104. L'élimination de t donneroit $\frac{dx}{x} = \frac{r^2\, dh - h.\ cot.\ n.\ dn}{h r^2 + f.\ sin^2.\ n}$.

105. Egalons les deux valeurs de $\frac{dx}{x}$ prises des équations des n°s. 74 et 87, nous trouverons $\frac{t\,dt}{y\,dy} = \frac{t^2 + fh}{y^2 + fh}$, ou $\frac{fh}{ty} = \frac{t\,dy - y\,dt}{t\,dt - y\,dy}$. La quatrième équation du n°. 39 donne $\frac{t^2 + fh}{y^2 + fh} = \frac{f^2 + fh}{f^2 - y^2}$, donc on a aussi $\frac{t\,dt}{y\,dy} = \frac{f^2 + fh}{f^2 - y^2}$.

106. Avec la première équation du n°. 5, et la seconde équation du n°. 90, éliminons $cos.\ m$, nous trouverons $\sqrt{x^2 + y^2} = \int \frac{f.\ cos.\ n.\ dx}{ry}$.

107. Egalons les deux valeurs de dx prises de l'équation du n°. 91, et de la seconde équation du n°. 53, nous trouverons $cot.\ m.\ df -$

$f dm = \frac{r t d t}{\sqrt{t^2 - h^2}}$. Dans cette équation, substituons au radical $\sqrt{t^2 - h^2}$ sa valeur prise de la première équation du n°. 33, nous aurons aussi $\frac{tang.\ m}{f+h} = \frac{cot.\ m.\ df - f dm}{t d t}$.

108. Avec les équations des n°s. 7 et 94, éliminons t, nous trouverons $y.\ cosec.\ z = \int \frac{f.\ cos.\ n.\ dy}{\sqrt{f^2 - y^2}}$.

109. Dans la première équation du n°. 95, substituons (n°. 2) t^2 à $x^2 + y^2$, et $t dt$ à $x dx + y dy$, nous trouverons $t dz = tang.\ n.\ dt$ ou $t = e^{\int cot.\ n.\ dz}$.

110. Avec les équations des n°s. 4 et 102, éliminons h, nous trouverons $\frac{dt}{t} - \frac{dz}{cot.\ z} = \frac{r dt}{rt + f.\ sin.\ n}$ ou $\frac{dz}{cot.\ z} = \frac{dt}{t}, \frac{f.\ sin.\ n.}{rt + f.\ sin.\ n}$

ou $cot.\ z.\ dt - t dz = \frac{rt^2.\ dz}{f.\ sin.\ n}$.

111. La troisième équation du n°. 44 donne $rt + f.\ sin.\ n = fr.\ cos.\ n.\ (r^2\ t^2\ x^{-2} - r^2)^{-\frac{1}{2}}$; dans cette équation substituons à t sa valeur prise de la troisième équation du n°. 103, nous trouverons $f.\ sin.\ n + x.\ \int.\ f.\ sin.\ n.\ x^{-2}\ dx = fr.\ cos.\ n.\ (-r^2 + f^2.\ \int.\ sin.\ n.\ x^{-2}\ dx)^{-\frac{1}{2}}$.

112. Egalons les deux valeurs de $\frac{dx}{x}$ prises des équations des n°s. 74 et 104, nous aurons $\frac{y dy}{y^2 + fh} = \frac{r^2 dh - h.\ cot.\ n.\ dn}{h r^2 + f.\ sin^2.\ n.}$.

113. Egalons les deux valeurs de $\frac{dx}{x}$ prises de l'équation du n°. 104, et de la première équation du n°. 87, nous aurons $\frac{t dt}{t^2 + fh} = \frac{r^2 dh - h.\ cot.\ n.\ dn}{h r^2 + f.\ sin^2.\ n.}$.

114. Avec les équations des n°s. 3 et 109, éliminons z, nous trouverons $\frac{dt}{t} + \frac{dn}{tang.\ n} = \frac{dm}{tang.\ n}$.

115. Avec les équations des n°s. 4 et 109, éliminons n, nous trouverons $hrdt = tdz. \sqrt{t^2 - h^2}$ ou $t^2 dz = h. \sqrt{t^2 dz^2 + r^2 dt^2}$.

116. Avec les équations des n°s. 6 et 109, éliminons z, nous trouverons $rxdt - rtdx = tang.\, n.\, dt. \sqrt{t^2 - x^2}$.

117. L'élimination de t donneroit $\frac{r^2 dx}{xdz} = cot.\, n - tang.\, z$.

118. Dans le premier terme de l'équation du n°. 109, substituons à t sa valeur prise de l'équation du n°. 6, nous trouverons $rxdz = cos.\, z.\, tang.\, n.\, dt$.

119. L'équation du n°. 7 donneroit $rydz = sin.\, z.\, tang.\, n.\, dt$.

120. Avec les équations des n°s. 7 et 109, éliminons z, nous trouverons $rtdy - rydt = tang.\, n.\, dt. \sqrt{t^2 - y^2}$.

121. L'élimination de t donneroit $\frac{r^2 dy}{ydz} = cot.\, n + cot.\, z$.

122. L'équation du n°. 76 donne $cos.\, m.\, tang.\, n.\, dt = r.\, sin.\, n.\, dx$; substituons (n°. 4) $\frac{hr}{t}$ à $sin.\, n$, et (n°. 109) $\frac{tdz}{dt}$ à $tang.\, n$, nous aurons $hr^2 dx = t^2. cos.\, m.\, dz$; substituons (n°. 6) $\frac{rx}{cos.\, z}$ à t, nous trouverons $h.\, cos^2.\, z.\, dx = x^2.\, cos.\, m.\, dz$.

123. Les équations des n°s. 7 et 77 donneroient $h.\, sin^2.\, z.\, dy = y^2.\, sin.\, m.\, dz$.

124. Avec les équations des n°s. 4 et 114, éliminons t, nous trouverons $hdm = tang.\, n.\, dh$.

125. Avec les équations des n°s. 6 et 115, éliminons t, nous trouverons $hr.\, cos.\, z.\, dx + hx.\, sin.\, z.\, dz = xdz. \sqrt{r^2 x^2 - h^2. cos^2. z}$.

126. Les équations des n°s. 7 et 115 donneroient $hr.\, sin.\, z.\, dy - hy.\, cos.\, z.\, dz = ydz. \sqrt{r^2 y^2 - h^2. sin^2. z}$.

127. L'équation du n°. 115 donne $hr.\, cos^2.\, z.\, dt = t.\, cos.\, z.\, dz. \sqrt{t^2. cos^2. z - h^2. cos^2. z}$; substituons (n°. 6) rx à $t.\, cos.\, z$, et

$r^2 x^2$ à $t^2. \cos^2. z$, nous trouverons $h. \cos^2. z. dt = x dz. \sqrt{r^2 x^2 - h^2. \cos^2. z}$.

128. L'équation du n°. 7 donneroit $h. \sin^2. z. dt = y dz. \sqrt{r^2 y^2 - h^2. \sin^2. z}$.

129. Egalons les deux valeurs de dz prises des équations des n°s. 17 et 115, nous trouverons $x dy - y dx = \frac{h t dt}{\sqrt{t^2 - h^2}}$.

130. Egalons les deux valeurs de $\frac{t^2 dz}{h}$ prises de la troisième équation du n°. 102, et de la seconde équation du n°. 115, nous trouverons $f. \cot. z. dt - f t dz = t. \sqrt{t^2 dz^2 + r^2 dt^2}$.

131. Avec les équations des n°s. 4 et 116, éliminons n, nous trouverons $\frac{h dt}{\sqrt{t^2 - h^2}} = \frac{x dt - t dx}{\sqrt{t^2 - x^2}}$.

132. L'élimination de t donneroit $\frac{h r^2. \cos. n\, dx}{r^2 dh - h. \cot. n. dn} = x. \cos. n - \sqrt{h^2 r^2 - x^2. \sin^2. n}$.

133. Dans l'équation du n°. 117, substituons (n° 3) $dm - dn$ à dz, et (*trig.*) $\frac{r^2. \tang. m - r^2. \tang. n}{r^2 + \tang. m. \tang. n}$ à $\tang. z$, nous trouverons $\frac{\sin^2. n. dx}{x} = \frac{r^2 dm - r^2 dn}{\tang. m + \cot. n}$.

134. Dans l'équation du n°. 117, substituons (n°. 18) $\frac{f. \cos. m}{\tang. z}$ à x et (n°. 53) $\cos. m. \cot. m. df - f. \cos. m. dm$ à $r^2 dx$, nous trouverons $\tang. n. \cot. m. df = f. \tang. n. dn + f. \cot. z. dz$.

135. Egalons les deux valeurs de $\frac{dx}{x}$ prises des équations des n°s. 104 et 117, nous trouverons $\cot. n. dz - \tang. z. dz = \frac{r^4 dh - h r^2. \cot. n. dn}{h r^2 + f. \sin^2. n}$.

136. Avec les équations des n°s. 4 et 120, éliminons n, nous trouverons $\frac{h dt}{\sqrt{t^2 - h^2}} = \frac{t dy - y dt}{\sqrt{t^2 - y^2}}$.

137. L'élimination de t donneroit $\frac{h r^2. \cos. n. dy}{r^2 dh - h. \cot. n. dn} = y. \cos. n + \sqrt{h^2 r^2 - y^2. \sin^2. n}$.

138. Dans l'équation du n°. 121, substituons (n°. 3) $dm - dn$ à dz et (*trig.*) $\frac{r^2 + \tan g. m. \tan g. n}{\tan g. m - \tan g. n}$ à $\cot. z$, nous trouverons $\frac{\sin^2. n. dy}{y} = \frac{r^2 dm - r^2 dn}{\cot. n - \cot. m}$.

139. Avec les équations des n°s. 13 et 122, éliminons h, nous trouverons $x. \cos. m. dz = \sin. n. \cos. z. dx$.

140. Dans l'équation du n°. 122, substituons à x^2 sa valeur prise de l'équation du n°. 6, nous aurons $\sec. m. dx = \frac{t^2 dz}{h}$; substituons $\sec. m. dx$ à $\frac{t^2 dz}{h}$ dans l'équation du n°. 115, nous trouverons $\sec. m\, dx = \sqrt{t^2 dz^2 + r^2 dt^2}$.

141. Avec les équations des n°s. 6 et 122, éliminons x, nous trouverons $\cot. z. dt - tdz = \frac{t^2. \cos. m. dz}{h. \sin. z}$. Les équations des n°s. 7 et 123 donneroient $\tan g. z. dt + tdz = \frac{t^2. \sin. m. dz}{h. \cos. z}$.

142. Avec les équations des n°s. 14 et 123, éliminons h, nous trouverons $y. \sin. m. dz = \sin. n. \sin. z. dy$.

143. Dans l'équation du n°. 123, substituons à y^2 sa valeur prise de l'équation du n°. 7, nous aurons $\operatorname{cosec}. m. dy = \frac{t^2 dz}{h}$; substituons $\operatorname{cosec}. m. dy$ à $\frac{t^2 dz}{h}$ dans l'équation du n°. 115, nous trouverons $\operatorname{cosec}. m. dy = \sqrt{t^2 dz^2 + r^2 dt^2}$.

144. Avec les équations des n°s. 3 et 124, éliminons m, nous trouverons $hdn + hdz = \tan g. n. dh$.

145. L'élimination de n donneroit $hdm = dh. \tan g. (m - z)$.

146. Avec les équations des n°s. 4 et 124, éliminons n, nous trouverons $rdh = dm. \sqrt{t^2 - h^2}$.

147. Avec les équations des n°s. 32 et 124, éliminons m, nous trouverons $\frac{h^2 . cos^2 . n . df}{f+h} = r^2 h dh - h^2 . cot. n . dn + f . sin^2 . n . dh$.

148. Avec les équations des n°s. 13 et 125, éliminons $cos. z$, nous trouverons $r . sin . n . dx = x . cos . n . dz - h . sin . z . dz$.

149. Avec les équations des n°s. 14 et 126, éliminons $sin. z$, nous trouverons $r . sin . n . dy = y . cos . n . dz + h . cos . z . dz$.

150. L'équation du n°. 4 donne $t\, cos . n = r . \sqrt{t^2 - h^2}$; substituons $t . cos . n$ à $r . \sqrt{t^2 - h^2}$ dans l'équation du n°. 131, nous trouverons $\frac{hrdt}{t . cos . n} = \frac{xdt - tdx}{\sqrt{t^2 - x^2}}$.

151. Cette substitution faite dans l'équation du n°. 136, donneroit $\frac{hrdt}{t . cos . n} = \frac{tdy - ydt}{\sqrt{t^2 - y^2}}$.

152. Avec les équations des n°s. 23 et 109, éliminons t, nous trouverons $f . cos . n . cot . z - fr . sin . n = r^2 . e^{f . cot . n . dz}$,

Ou bien avec les équations des n°s. 3 et 134, éliminons m, nous trouverons $tang . n . cot . (n + z) . df = f . tang . n . dn + f . cot . z . dz$.

153. Avec les équations des n°s. 5 et 138, éliminons m, nous trouverons $r^2 y^2 df - fy . cos^2 . n . dy = fry dn . \sqrt{f^2 - y^2} + f . sin . n . cos . n . dy . \sqrt{f^2 - y^2}$.

154. L'élimination de y donneroit $\frac{r^2 . dm - r^2 dn}{cot . m - cot . n} = \frac{sin^2 . n . dm}{cot . m} - \frac{sin^2 . n . df}{f}$.

155. Dans l'équation du n°. 138, substituons (n°. 5) $f . cos . m$ à ry, nous trouverons $\frac{rdm - rdn}{cot . n - cot . m} = \frac{sin^2 . n . dy}{f . cos . m}$.

156. Egalons les deux valeurs de $\frac{dy}{y}$ prises des équations des n°s. 52 et 138, nous trouverons $\frac{r^2 dm - r^2 dn}{cot . n - cot . m} = \frac{tang . m}{cos . m} . \frac{sin^2 . n . dx}{f}$.

157. Avec l'équation du n°. 13, et la troisième équation du n°. 86, éliminons h, ou bien avec les équations des n°^{s}. 18 et 139, éliminons $\cos. m$, nous trouverons $x^2. \operatorname{tang}. z. dz = f. \sin. n. \cos. z. dx$.

158. Egalons les deux valeurs de $\frac{\cos. z}{x}$ prises des équations des n°^{s}. 13 et 139, nous aurons $\sin^2. n. \; dx = h. \cos. m. dz$; avec cette équation et celle du n°. 53, éliminons dx, nous aurons $\frac{dz}{\sin^2. n} = \frac{\cot. m. df - fdm}{hr^2}$; à z substituons (n°. 3) $m - n$, nous trouverons $\frac{dm - dn}{\sin^2. n} = \frac{\cot. m. df - fdm}{hr^2}$.

159. Egalons les deux valeurs de $\sec. m. dx$ prises des équations des n°^{s}. 53 et 140, nous trouverons $\cot. m. \; df - fdm = \sqrt{t^2 dz^2 + r^2 dt^2}$.

160. Avec les équations des n°^{s}. 4 et 141, éliminons h, nous trouverons $\cot. z. dt - tdz = \frac{rt. \cos. m. dz}{\sin. n. \sin. z}$ et $\operatorname{tang}. z. dt + tdz = \frac{rt. \sin. m. dz}{\sin. n. \cos. z}$.

161. Egalons les deux valeurs de $\frac{t^2 dz}{h}$ données par les deux équations du n°. 141, nous trouverons $\frac{\operatorname{tang}. m}{\cot. z} = \frac{\operatorname{tang}. z. dt + tdz}{\cot. z. dt - tdz}$.

Ou bien dans ces deux équations du n°. 141, substituons (n°. 115) $\sqrt{t^2 dz^2 + r^2 dt^2}$ à $\frac{t^2 dz}{h}$, nous trouverons $\frac{\cos. m.}{\sin. z} = \frac{\cot. z. dt - tdz}{\sqrt{t^2 dz^2 + r^2 dt^2}}$ et $\frac{\sin. m}{\cos. z} = \frac{\operatorname{tang}. z. dt + tdz}{\sqrt{t^2 dz^2 + r^2 dt^2}}$.

Les équations des n°^{s}. 3 et 109 donneroient $\frac{dt}{t} = \frac{dz}{\operatorname{tang}. (m - z)}$.

162. Avec les équations des n°^{s}. 4 et 147, éliminons h, nous trouverons $\frac{rt^2. \cos^2. n. df}{fr + t. \sin. n.} = r^2 tdt + fr \sin. n. dt + ft. \cos. n. dn$.

163. L'élimination de n donneroit $\frac{tdt + fdh}{t^2 - h^2} = \frac{df}{f + h}$.

Ou

Ou bien égalons les deux valeurs de *sin. m* données par la seconde équation du n°. 33, et par la troisième équation du n°. 84, nous trouverons $fr + hr = e^{\int. dh : (f+h)} . \sqrt{f^2 + 2fh + t^2}$. Ou bien divisons chacun des deux membres de cette dernière équation par $e^{\int. dh : (f+h)}$, nous aurons $e^{\int. df : (f+h)} = \sqrt{f^2 + 2fh + t^2}$.

164. Avec les équations des n°s. 109 et 157, éliminons n, nous trouverons $ft. \cos. z. \cot. z. dx = rx^2. \sqrt{t^2 dz^2 + r^2 dt^2}$.

165. Avec les équations des n°s. 5 et 14, éliminons y, nous trouverons $hr. \sin. z = f. \cos. m. \sin. n$; dans l'équation (n°. 158) $\frac{dz}{\sin^2. n} = \frac{\cot. m. df - fdm}{hr^2}$ substituons $\frac{hr. \sin. z}{f. \cos. m}$ à $\sin. n$, nous aurons $\frac{dz}{h. \sin^2. z} = \frac{\cot. m. df - fdm}{f^2. \cos^2. m}$.

166. On a $du^2 = dx^2 + dy^2$.

167. Avec les équations des n°s. 2 et 166, éliminons y, nous trouverons $\sqrt{t^2 - x^2} = \int. \sqrt{du^2 - dx^2}$.

168. L'élimination de x donneroit $\sqrt{t^2 - y^2} = \int. \sqrt{du^2 - dy^2}$.

169. Avec les équations des n°s. 8 et 166, éliminons y, nous trouverons $x. \tang. z = \int. r. \sqrt{du^2 - dx^2}$.

170. L'élimination de x donneroit $y. \cot. z = \int. r. \sqrt{du^2 - dy^2}$.

171. Egalons les deux valeurs de $\sqrt{dx^2 + dy^2}$ prises de l'équation du n°. 166, et de la seconde équation du n°. 48, nous trouverons $rdx = \cos. m. du$.

172. La troisième équation du n°. 48 donneroit $rdy = \sin. m. du$.

173. Egalons les deux valeurs de $\sqrt{dx^2 + dy^2}$ prises des équations des n°s. 54 et 166, nous trouverons $fdx = ydu$.

174. Egalons les deux valeurs de $\sqrt{dx^2 + dy^2}$ prises des équations des n°s. 55 et 166, nous trouverons $rdt = \cos. n. du$.

175. Egalons les deux valeurs de $\sqrt{dx^2 + dy^2}$ prises des équations des n°s. 59 et 166, nous trouverons $h du = x dy - y dx$.

176. Egalons les deux valeurs de $\sqrt{dx^2 + dy^2}$ prises des équations des n°s. 75 et 166, nous trouverons $sin.\ n.\ cos.\ n.\ du = r^2 dh - h.\ cot.\ n.\ dn$ ou $h.\ cosec.\ n = \int.\ cos.\ n.\ du$.

177. Egalons les deux valeurs de $\sqrt{dx^2 + dy^2}$ prises de l'équation du n°. 166, et de la première équation du n°. 80, nous trouverons $rxdx + rydy = cos.\ n.\ du.\sqrt{x^2 + y^2}$ ou $r.\sqrt{x^2 + y^2} = \int.cos.n.du$. La seconde équation du n°. 80 donneroit $rxdy - rydx = sin.\ n.\ du.\sqrt{x^2 + y^2}$ ou $\frac{ry}{x} = tang.\ \int.\ \frac{sin.\ n.\ du}{\sqrt{x^2 + y^2}}$.

178. Avec les équations des n°s. 2 et 171, éliminons x, nous trouverons $r.\sqrt{t^2 - y^2} = \int.\ cos.\ m.\ du$.

179. Avec les équations des n°s. 8 et 171, éliminons x, nous trouverons $y.\ cot.\ z = \int.\ cos.\ m.\ du$.

180. Dans la première équation du n°. 19, substituons à $sin.\ m$ et à $cos.\ m$ leurs valeurs prises de l'équation du n°. 171, nous trouverons $rxdu - hdx.\ cot.\ n = hr.\sqrt{du^2 - dx^2}$.

181. Egalons les deux valeurs de dx prises de l'équation du n°. 171, et de la seconde équation du n°. 53, nous trouverons $rdu = cot.\ m.\ df - fdm$ ou $f.\ cos.\ m = \int.\ sin.\ m.\ du$.

Cette équation donne $dm = \frac{cot.\ m.\ df}{f} - \frac{rdu}{f}$, donc $m = \int.\ \frac{cot.\ m.\ df}{f} - \int.\ \frac{rdu}{f}$, donc

$$cot.\ m = cot.\ \left(\int.\ \frac{cot.\ m.\ df}{f} - \int.\ \frac{rdu}{f}\right).$$

182. Egalons les deux valeurs de $cos.\ m$ prises des équations des n°s. 60 et 171, nous trouverons $rxdm - h.\ sin.\ m.\ dm = \frac{r^2 dh.\ dx}{du}$.

183. Egalons les deux valeurs de $\frac{dx}{\cos. m}$ prises des équations des n°s. 139 et 171, nous trouverons $rxdz = \sin. n. \cos. z. du$.

184. Avec les équations des n°s. 2 et 172, éliminons y, nous trouverons $r. \sqrt{t^2 - x^2} = \int. \sin. m. du$.

185. Divisons le premier membre de l'équation du n°. 172 par le premier membre de la première équation du n°. 5, et le second par le second, nous trouverons $\frac{dy}{y} = \frac{r\,du}{f. \cot. m}$.

Ou bien l'équation du n°. 172 donne $\sin. m = \frac{rdy}{du}$, donc $\sin. m. dm = \frac{rdm. dy}{du}$, donc $\cos. m = - \int. \frac{dm. dy}{du}$, donc (n°. 5) $\frac{ry}{f} = - \int. \frac{dm. dy}{du}$.

186. Avec les équations des n°s. 8 et 172, éliminons y, nous trouverons $x. \tang. z = \int. \sin. m. du$.

187. Dans la première équation du n°. 21, substituons à $\sin. m$ et à $\cos. m$ leurs valeurs prises de l'équation du n°. 172, nous trouverons $hdy. \cot. n - ry. du = hr. \sqrt{du^2 - dy^2}$.

188. Egalons les deux valeurs de $\sin. m$ prises des équations des n°s. 61 et 172, nous trouverons $rydm + h. \cos. m. dm = \frac{r^2 dh. dy}{du}$.

189. Egalons les deux valeurs de $\frac{dy}{\sin. m}$ prises des équations des n°s. 142 et 172, nous trouverons $rydz = \sin. n. \sin. z. du$.

190. Avec les équations des n°s. 6 et 171, éliminons x, nous trouverons $t. \cos. z = \int. \cos. m. du$. Ou bien avec les équations des n°s. 7 et 172, éliminons y, nous trouverons $t. \sin. z = \int. \sin. m. du$.

191. Avec les équations des n°s. 171 et 172, éliminons x et y, dans l'équation du n°. 8, nous trouverons $r. \int. \sin. m. du = \tang. z. \int. \cos. m. du$.

192. Dans la seconde équation du n°. 42, substituons à *sin. m* et à *cos. m* leurs valeurs prises des équations des n°s. 171 et 172, nous trouverons $f dx^2 + h du^2 = x. du. dy$, donc (n°. 166) $f dx^2 + h du^2 = x du. \sqrt{du^2 - dx^2}$.

193. Avec les équations des n°s. 2 et 173, éliminons y, nous trouverons $f dx = du. \sqrt{t^2 - x^2}$.

194. Avec les équations des n°s. 8 et 173, éliminons y, nous trouverons $fr dx = x.\ tang.\ z.\ du$.

195. L'élimination de x donneroit $y.\ cot.\ z = f. \frac{ry du}{f}$.

196. Avec les équations des n°s. 27 et 173, éliminons y, nous trouverons

$$x.\ cos.\ n.\ du^2 - f.\ sin.\ n.\ du.\ dx = r dx. \sqrt{f^2 dx^2 + x^2 du^2}.$$

197. Egalons les deux valeurs de dx prises de l'équation du n°. 173, et de la seconde équation du n°. 54, nous trouverons $f dy = du. \sqrt{f^2 - y^2}$ ou $y.\ du = f. \sqrt{du^2 - dy^2}$.

198. Avec les équations des n°s. 166 et 173, éliminons y, nous trouverons $\frac{f dx}{du} = f. \sqrt{du^2 - dx^2}$.

199. Avec les équations des n°s. 172 et 173, éliminons y, nous trouverons $\frac{fr dx}{du} = f.\ sin.\ m.\ du$.

200. Divisons le premier membre de l'équation du n°. 174 par le premier membre de la première équation du n°. 4, et le second par le second, nous trouverons $rt dt = h.\ cot.\ n.\ du$.

201. Egalons les deux valeurs de dt prises de l'équation du n°. 174, et de la première équation du n°. 109, nous trouverons $t dz = sin.\ n.\ du$.

202. Dans l'équation du n°. 162, substituons à dt sa valeur prise de l'équation du n°. 174, nous trouverons $\frac{rt^2.\ cos.\ n.\ df}{fr + t.\ sin.\ n} = rt du + f.\ sin.\ n.\ du + ft dn$.

203. Avec les équations des n°s. 166 et 175, éliminons y, nous trouverons $hdu = x.\sqrt{du^2 - dx^2} - dx.\,f.\sqrt{du^2 - dx^2}$.

204. L'élimination de x donneroit $hdu = dy.\,f.\sqrt{du^2 - dy^2} - y.\sqrt{du^2 - dy^2}$.

205. Egalons les deux valeurs de $r^2 dh - h.\,cot.\,n.\,dn$ prises de l'équation du n°. 147, et de la première équation du n°. 176, nous trouverons $\frac{h^2.\,cos^2.\,n.\,df}{f+h} = h.\,sin.\,n.\,cos.\,n.\,du - f.\,sin^2.\,n.\,dh$.

206. Egalons les deux valeurs de $sin.\,n.\sqrt{x^2 + y^2}$ prises de la seconde équation du n°. 16, et de la troisième équation du n°. 177, nous trouverons $rxdy - rydx = x.\,sin.\,m.\,du - y.\,cos.\,m.\,du$.

207. Egalons les deux valeurs de dm données par la première équation du n°. 84, et par la première équation du n°. 181, nous trouverons $\frac{tang.\,m.\,dh}{f+h} = \frac{cot.\,m.\,df - rdu}{f}$ ou $\frac{fr^2\,dh}{f+h} = cot^2.\,m.\,df - r.\,cot.\,m.\,du$.

208. Dans la seconde équation du n°. 181, substituons à $sin.\,m$ et à $cos.\,m$ leurs valeurs prises de la troisième équation du n°. 84, nous trouverons $f.\left(r^2 - e^{f.\,2dh:(f+h)}\right)^{\frac{1}{2}} = f.\,du.\,e^{f.\,dh:(f+h)}$.

209. Avec les équations des n°s. 3 et 183, éliminons z, nous trouverons $rx.\,(dm - dn) = sin.\,n.\,du.\,cos.\,(m - n)$.

210. Egalons les deux valeurs de $\frac{dy}{y}$ prises de la seconde équation du n°. 58, et de la première équation du n°. 185, nous trouverons $\frac{rdu}{f.\,cot.\,m} = \frac{diff.\,cot.\,z}{cot.\,m - cot.\,z}$, ou $cot.\,m = \frac{r.\,cot.\,z.\,du}{rdu - f.\,diff.\,cot.\,z}$, ou $r^2 du - fr.\,diff.\,cot.\,z = tang.\,m.\,cot.\,z.\,du$.

211. Avec les équations des n°s. 3 et 189, éliminons z, nous trouverons $ry.\,(dm - dn) = sin.\,n.\,du.\,sin.\,(m - n)$.

212. Avec les équations des n°s. 172 et 189, éliminons y, nous trouverons $\frac{sin.\,n.\,sin.\,z.\,du}{dz} = f.\,sin.\,m.\,du$.

213. Dans la première ou dans la seconde équation du n°. 97, substituons à $f^2 - y^2$ sa valeur prise de la première équation du n°. 197, nous trouverons $f^3 dh. dy^2 = y. du^2. (f+h). (ydf - fdy)$, ou $\int. \frac{dh}{f+h} = log. \frac{rdy}{du}$.

214. Egalons les deux valeurs de dy prises de l'équation du n°. 153, et de la première équation du n°. 197, nous trouverons $fry. dn + y. cos^2. n. du = \frac{r^2 y^2 df}{\sqrt{f^2 - y^2}} - sin. n. cos. n. du. \sqrt{f^2 - y^2}$.

215. Avec les équations des n°s. 3 et 201, éliminons z, nous trouverons $tdm - tdn = sin. n. du$.

216. Avec les équations des n°s. 4 et 201, éliminons $sin. n$, nous trouverons $hrdu = t^2 dz$.

217. L'élimination de t donneroit $hrdz = sin^2. n. du$.

218. Avec l'équation du n°. 201, et la seconde équation du n°. 6, éliminons dz, nous trouverons $rxdt - rtdx = sin. n. du. \sqrt{t^2 - x^2}$.

219. La seconde équation du n°. 7 donneroit $rtdy - rydt = sin. n. du. \sqrt{t^2 - y^2}$.

220. Dans l'équation du n°. 201, substituons à t sa valeur prise de l'équation du n°. 174, ou de la seconde équation du n°. 109, nous trouverons $\frac{r. sin. n. du}{dz} = \int. cos. n. du$ ou $\frac{sin. n. du}{dz} = e^{\int. cot. n. dz}$.

221. Avec les équations des n°s. 174 et 201, éliminons n, nous trouverons $rdu = \sqrt{t^2 dz^2 + r^2 dt^2}$, ou $rdt = \sqrt{r^2 du^2 - t^2 dz^2}$, ou $tdz = r. \sqrt{du^2 - dt^2}$.

222. Avec les équations des n°s. 174 et 202, éliminons t, nous trouverons $rdu + fdn = \frac{r. cos. n. df. \int. cos. n. du}{fr^2 - sin. n. \int. cos. n. du} - \frac{fr. sin. n. du}{\int. cos. n. du}$.

223. Egalons les deux valeurs de h prises de l'équation du n°. 203, et de la seconde équation du n°. 176, nous trouverons

$du. \int. \cos. n. du = x. \operatorname{cosec}. n. \sqrt{du^2 - dx^2} - \operatorname{cosec}. n. dx. \int. \sqrt{du^2 - dx^2}$.

224. L'équation du n°. 204 donneroit $du. \int. \cos. n. du = \operatorname{cosec}. n. dy. \int. \sqrt{du^2 - dy^2} - y. \operatorname{cosec}. n. \sqrt{du^2 - dy^2}$.

225. Avec la seconde équation du n°. 210, et la dernière équation du n°. 181, éliminons $\cot. m$, nous trouverons

$$\frac{r. \cot. z. du}{rdu - f. \operatorname{diff}. \cot. z} = \cot. \left(\int. \frac{df}{f}. \frac{r. \cot. z. du}{rdu - f. \operatorname{diff}. \cot. z} - \int. \frac{rdu}{f}\right).$$

Ou bien dans l'équation du n°. 169, faisons évanouir le signe d'intégration, elle deviendra $\frac{dx^2}{x^2} + 2 \tan. z. dz \frac{dx}{x} + \sec^2. z. dz^2 = du^2. \frac{\cos^2. z}{x^2}$: à $\frac{dx}{x}$ substituons sa valeur prise de l'équation du n°. 194, nous aurons $\int x^{-1}. \cos^2. z. du = (f^2. \cos^2. z. dz^2 + \sin^2. z. \overline{rdu + fdz}^2)^{\frac{1}{2}}$; à x substituons sa valeur $r. e^{\int. f^{-1} \tan. z. du}$ donnée par la même équation du n°. 194, nous trouverons

$$\int r^{-1} \cos^2. z. du. e^{-\int. f^{-1} \tan. z. du} = (f^2. \cos^2. z. dz^2 + \sin^2. z. \overline{rdu + f. dz}^2)^{\frac{1}{2}}.$$

226. Avec l'équation du n°. 216, et la première équation du n°. 6, éliminons t, nous trouverons $rx^2 dz = h. \cos^2. z. du$.

227. Egalons les deux valeurs de dz prises de l'équation du n°. 216, et de la seconde équation du n°. 6, nous trouverons $t. (xdt - tdx) = hdu. \sqrt{t^2 - x^2}$.

228. Avec l'équation du n°. 216, et la première équation du n°. 7, éliminons t, nous trouverons $ry^2 dz = h. \sin^2. z. du$.

229. Egalons les deux valeurs de dz prises de l'équation du n°. 216, et de la seconde équation du n°. 7, nous trouverons $t. (tdy - ydt) = hdu. \sqrt{t^2 - y^2}$.

230. Dans la première équation du n°. 31, substituons à t^2 sa valeur prise de l'équation du n°. 216, nous trouverons $r\sqrt{h}.\ (rdu + fdz) = f.\ cot.\ z.\sqrt{dz.\ (rdu - hdz)}$.

231. Avec les équations des n°s. 3 et 217, éliminons z, nous trouverons $hr.\ (dm - dn) = sin^2.\ n.\ du$.

232. L'élimination de n donneroit $hrdz = du.\ sin^2.\ (m - z)$.

233. Avec l'équation du n°. 3, et la première équation du n°. 220, éliminons z, nous trouverons $\frac{r.\ sin.\ n.\ du}{dm - dn} = f.\ cos.\ n.\ du$.

234. Avec l'équation du n°. 2, et la seconde équation du n°. 221, éliminons t, nous trouverons

$$r.\sqrt{x^2 + y^2} = f.\sqrt{r^2 du^2 - x^2 dz^2 - y^2 dz^2}.$$

235. Egalons les deux valeurs de t prises de la première équation du n°. 6, et de la troisième équation du n°. 221, nous trouverons $xdz = cos.\ z.\sqrt{du^2 - dt^2}$.

236. La première équation du n°. 7 donneroit

$$ydz = sin.\ z.\sqrt{du^2 - dt^2}.$$

237. Egalons les deux valeurs de $\sqrt{t^2 dz^2 + r^2 dt^2}$ prises de l'équation du n°. 130, et de la première équation du n°. 221, nous trouverons $rtdu = f.\ cot.\ z.\ dt - ftdz$.

238. Egalons les deux valeurs de $xdy - ydx$ prises des équations des n°s. 129 et 175, nous trouverons $tdt = du.\sqrt{t^2 - h^2}$.

Ou bien égalons les deux valeurs de dz prises de l'équation du n°. 216, et de la troisième équation du n°. 221, nous trouverons $hdu = t.\sqrt{du^2 - dt^2}$.

239. La seconde équation du n°. 221 donne $rt = f.\sqrt{r^2 du^2 - t^2 dz^2}$; dans cette équation, substituons à t sa valeur prise de l'équation du n°. 216, nous trouverons $r\left(\frac{hdu}{dz}\right)^{\frac{1}{2}} = f.\sqrt{du.\ (rdu - hdz)}$.

240.

240. Avec l'équation du n°. 174, et la première équation du n°. 23, éliminons t, nous trouverons $f.\ cos.\ n.\ cot.\ z - fr.\ sin.\ n = f.\ r.\ cos.\ n.\ du.$

Ou bien égalons les deux valeurs de $\frac{dt}{t}$ prises de l'équation du n°. 237, et de la première équation du n°. 109, nous trouverons $f.\ cot.\ z.\ dz = tang.\ n.\ (fdz + rdu)$.

241. La première équation du n°. 238 donne $du = \frac{tdt}{\sqrt{t^2 - h^2}}$; l'équation du n°. 146 donne $\frac{hdm}{r} = \frac{hdh}{\sqrt{t^2 - h^2}}$, donc $du - \frac{hdm}{r} = \frac{tdt - hdh}{\sqrt{t^2 - h^2}}$, donc $u - f.\ \frac{hdm}{r} = \sqrt{t^2 - h^2}$, donc $u - f.\ \frac{hdm}{r} = \frac{rdh}{dm}$, donc $ru - \frac{r^2 dh}{dm} = f.\ hdm$, ou $ru - hm = \frac{r^2 dh}{dm} - f.\ mdh$.

242. Egalons les deux valeurs de $\sqrt{t^2 - h^2}$ prises de l'équation du n°. 146, et de la première équation du n°. 238, nous trouverons $\frac{dh}{dm} = \frac{tdt}{rdu}$.

243. Egalons les deux valeurs de hdu prises de l'équation du n°. 175, et de la seconde équation du n°. 238, nous trouverons $xdy - ydx = t.\ \sqrt{du^2 - dt^2}$.

244. Avec l'équation du n°. 174, et la première équation du n°. 24, éliminons t, nous trouverons $cos.\ n.\ tang.\ m - r.\ sin.\ n = \frac{fr^3}{f.\ cos.\ n.\ du}$.

Ou bien l'équation du n°. 3 donne (*trig.*) $\frac{cot.\ z}{tang.\ n} = \frac{tang.\ m + cot.\ n}{tang.\ m - tang.\ n}$; substituons cette valeur de $\frac{cot.\ z}{tang.\ n}$ dans la seconde équation du n°. 238, nous trouverons $\frac{rdu}{fdz} = \frac{cot.\ n + tang.\ n}{tang.\ m - tang.\ n}$, donc (n°. 3) $\frac{rdu}{fdm - fdn} = \frac{cot.\ n + tang.\ n}{tang.\ m - tang.\ n}$.

245. Avec l'équation du n°. 242, et la seconde équation du n°. 238, éliminons h, nous trouverons $f. \frac{tdt. dm}{rdu} = \frac{t\sqrt{du^2 - dt^2}}{du}$.

246. Avec les équations des n°s. 2 et 173, éliminons x, nous trouverons $\sqrt{t^2 - y^2} = f. \frac{ydu}{f}$.

Ou bien égalons les deux valeurs de $\frac{dh}{dm}$ prises de l'équation du n°. 242, et de la première équation du n°. 84, nous aurons $fdu + hdu = \frac{rtdt}{cot. m}$; substituons à $cot. m$ sa valeur prise de la première équation du n°. 185, nous aurons $fdu + hdu = \frac{tdt}{du} \cdot \frac{fdy}{y}$; substituons à hdu sa valeur prise de la seconde équation du n°. 238, nous trouverons $fdu + t. \sqrt{du^2 - dt^2} = \frac{tdt}{du} \cdot \frac{fdy}{y}$.

247. Avec les équations des n°s. 11 et 171, éliminons x, nous trouverons $f. cos. m\, du = \sqrt{r^2 t^2 - f^2. cos^2. m}$.

Ou bien égalons les deux valeurs de $\frac{dy}{y}$ prises de la première équation du n°. 185, et de la seconde équation du n°. 246, nous trouverons $t. tang. m. dt - frdu = rt. \sqrt{du^2 - dt^2}$.

248. Egalons les deux valeurs de $t^2 - h^2$ prises de la première équation du n°. 163, et de la première équation du n°. 238, nous trouverons $t^2 dt^2. df = du^2. (f + h). (tdt + fdh)$.

Ou bien égalons les deux valeurs de $tang. m$ prises de la première équation du n°. 33, et de la seconde équation du n°. 247, nous trouverons $\frac{tdt}{\sqrt{t^2 - h^2}} = \frac{fdu + t. \sqrt{du^2 - dt^2}}{f + h}$.

249. Avec la première équation du n°. 248, et la seconde équation du n°. 238, éliminons h, nous trouverons $tdt + f. diff. \frac{t. \sqrt{du^2 - dt^2}}{du} = \frac{df}{du} \cdot \frac{t^2 dt^2}{fdu + t\sqrt{du^2 - dt^2}}$.

Ou bien dans l'équation du n°. 237, substituons à dz et à $cot.\ z$ leurs valeurs prises de la troisième équation du n°. 221, nous trouverons $\frac{rtdu + fr.\sqrt{du^2 - dt^2}}{fdt} = cot.\ f.\ \frac{r.\sqrt{du^2 - dt^2}}{t}$.

250. Soit AP (*fig.* 1) une abscisse, PM une ordonnée, et MN une normale au point M d'une courbe AM. Par des points m, μ soient menées les normales mn, $\mu\nu$ qui coupent la normale MN en des points t, T: on appelle rayon de courbure la limite des lignes Mt, MT, c'est-à-dire une ligne MC à laquelle elles aprochent d'autant plus d'être égales que le point m, μ a été pris plus près du point M.

251. Dans le triangle Mmt, le côté Mm est l'accroissement du périmètre, et l'angle Mtm est l'accroissement de l'angle de la normale, ou le décroissement de l'angle de la tangente avec la ligne des abscisses. Plus les points M, m sont proches, plus le côté Mm aproche d'être un arc de cercle qui a Mt pour rayon, et par conséquent d'être à l'angle Mtm dans le raport de Mt au sinus total: donc le raport de Mt au sinus total est la limite du raport de l'accroissement du périmètre au décroissement de l'angle de la tangente avec la ligne des abscisses; donc $k : r :: du : -dm$, donc $rdu + kdm = 0$.

252. Avec les équations des n°s. 3 et 251, éliminons m, nous trouverons $rdu + kdn + kdz = 0$.

253. Avec l'équation du n°. 251, éliminons m dans les équations du n°. 5, nous trouverons $\frac{ry}{f} = cos.\ f.\ -\frac{rdu}{k}$ et $k.(ydf - fdy) = -fdu.\sqrt{f^2 - y^2}$.

254. Avec les équations des n°s. 114 et 251, éliminons dm, nous trouverons $rtdu + ktdn + k.\ tang.\ n.\ dt = 0$.

255. Avec les équations des n°s. 124 et 251, éliminons dm, nous trouverons $hrdu + k.\ tang.\ n.\ dh = 0$.

256. Avec les équations des nos. 146 et 251, éliminons dm, nous trouverons $kdh + du.\sqrt{t^2 - h^2} = 0$.

257. Avec les équations des nos. 166 et 251, éliminons du, nous trouverons $kdm + r\sqrt{dx^2 + dy^2} = 0$.

258. Avec les équations des nos. 171 et 251, éliminons du, nous trouverons $\frac{cos.\ m.\ dm}{r} + \frac{rdx}{k} = 0$, ou $sin.\ m + f.\frac{rdx}{k} = 0$.

259. L'équation du n°. 172 donneroit $\frac{sin.\ m.\ dm}{r} + \frac{rdy}{k} = 0$, ou $cos.\ m - f.\frac{rdy}{k} = 0$.

260. Avec les équations des nos. 174 et 251, éliminons du, nous trouverons $kdm + sec.\ n.\ dt = 0$.

261. Avec les équations des nos. 178 et 251, éliminons du, nous trouverons $r^2\sqrt{t^2 - y^2} + f.\ k.\ cos.\ m.\ dm = 0$.

262. Avec les équations des nos. 179 et 251, éliminons du, nous trouverons $ry.\ cot.\ z + f.\ k.\ cos.\ m.\ dm = 0$.

263. Avec les équations des nos. 181 et 251, éliminons dm, nous trouverons $\frac{rdu}{cot.\ m} + \frac{kdf}{f-k} = 0$, ou $tang.\ m + \frac{df}{du}.\frac{kr}{f-k} = 0$.

264. Avec les équations des nos. 182 et 251, éliminons du, nous trouverons $r^3 dh.\ dx + krxdm^2 - hk.\ sin.\ m.\ dm^2 = 0$.

265. Avec les équations des nos. 184 et 251, éliminons du, nous trouverons $r^2\sqrt{t^2 - x^2} + f.\ k.\ sin.\ m.\ dm = 0$.

266. Avec l'équation du n°. 251, et la première équation du n°. 185, éliminons du, nous trouverons $ky\,dm + f.\ cot.\ m.\ dy = 0$.

267. Avec les équations des nos. 186 et 251, éliminons du, nous trouverons $rx.\ tang.\ z + f.\ k.\ sin.\ m.\ dm = 0$.

268. Avec les équations des nos. 188 et 251, éliminons du, nous trouverons $r^3 dh.\ dy + kry.\ dm^2 + hk.\ cos.\ m.\ dm^2 = 0$.

269. Avec les équations des n°s. 191 et 251, éliminons du, nous trouverons $r. f. k. \sin. m. dm - \tang. z. f. k. \cos. m. dm = 0$.

270. Si l'on n'élimine du que dans l'un des deux membres de l'équation du n°. 191, on trouve $f. k. \sin. m. dm + \tang. z. f. \cos. m. du = 0$, ou $f. k. \cos. m. dm + \cot. z. f. \sin. m. du = 0$.

271. Avec les équations des n°s. 199 et 251, éliminons du, nous trouverons $\frac{fr^3 dx}{kdm} - f. k. \sin. m. dm = 0$.

272. Avec les équations des n°s. 209 et 251, éliminons du, nous trouverons $\cos. (m - n) + \frac{x. \operatorname{cosec}. n}{k} . \frac{dm - dn}{dm} = 0$.

273. Avec les équations des n°s. 211 et 251, éliminons du, nous trouverons $\sin. (m - n) + \frac{y. \operatorname{cosec}. n}{k} . \frac{dm - dn}{dm} = 0$.

274. Avec les équations des n°s. 220 et 251, éliminons du, nous trouverons $\frac{kr. \sin. n. dm}{dz} - f. k. \cos. n. dm = 0$, ou $\frac{k. \sin. n. dm}{dz} + r. e^{f. \cot. n. dz} = 0$.

275. Avec les équations des n°s. 221 et 251, éliminons du, nous trouverons $kdm + \sqrt{t^2 dz^2 + r^2 dt^2} = 0$, ou $r dt - \sqrt{k^2 dm^2 - t^2 dz^2} = 0$, ou $tdz - \sqrt{k^2 dm^2 - r^2 dt^2} = 0$.

276. Avec les équations des n°s. 231 et 251, éliminons du, nous trouverons $k. \sin^2. n. dm + hr^2. (dm - dn) = 0$.

277. Avec les équations des n°s. 232 et 251, éliminons du, nous trouverons $hr^2 dz + kdm. \sin^2. (m - z) = 0$.

278. Avec les équations des n°s. 233 et 251, éliminons du, nous trouverons $\frac{kr. \sin. n. dm}{dm - dn} - f. k. \cos. n. dm = 0$.

279. L'élimination de dm donneroit

$$\frac{kr. \sin. n. du}{rdu + kdn} + f. \cos. n. du = 0.$$

280. Si on n'élimine du que dans le premier membre de l'équation

du n°. 233, on trouve $\frac{k.\ sin.\ n.\ dm}{dm - dn} + f.\ cos.\ n.\ du = 0$: si c'est dans le second, on trouve $\frac{r^2.\ sin.\ n.\ du}{dm - dn} + f.k.\ cos.\ n.\ dm = 0$.

281. Avec les équations des n°s. 238 et 251, éliminons du, nous trouverons $r\,t\,d\,t + k\,d\,m.\ \sqrt{t^2 - h^2} = 0$, ou $h\,k\,d\,m + t.\ \sqrt{k^2\,d\,m^2 - r^2\,d\,t^2} = 0$.

282. Avec l'équation du n°. 251, et la première équation du n°. 241, éliminons du, nous trouverons $\frac{r^2\,d\,h}{d\,m} + f.\ h\,d\,m + f.\ k.\ d\,m = 0$.

283. L'élimination de $d\,m$ donneroit $u + \frac{k\,d\,h}{d\,u} + f.\ \frac{h\,d\,u}{k} = 0$.

284. Egalons les deux valeurs de $\frac{r\,d\,u}{d\,m}$ prises des équations des n°s. 242 et 251, nous trouverons $k\,d\,h + t\,d\,t = 0$.

285. Avec les équations des n°s. 245 et 251, éliminons $d\,u$, nous trouverons $\frac{t.\ \sqrt{k^2\,d\,m^2 - r^2\,d\,t^2}}{k\,d\,m} - f.\ \frac{t\,d\,t}{k} = 0$.

286. L'élimination de $d\,m$ donneroit $\frac{t.\ \sqrt{d\,u^2 - d\,t^2}}{d\,u} + f.\ \frac{t\,d\,t}{k} = 0$.

287. Avec les équations des n°s. 247 et 251, éliminons $d\,u$, nous trouverons $r.\ \sqrt{r^2\,t^2 - f^2.\ cos^2.\ m} + f.\ k.\ cos.\ m.\ d\,m = 0$, ou $t.\ tang.\ m.\ d\,t + f\,k\,d\,m - t.\ \sqrt{k^2\,d\,m^2 - r^2\,d\,t^2} = 0$.

288. Dans l'équation du n°. 117, substituons à $tang.\ z$ sa valeur prise de l'équation du n°. 169, et à $d\,z$ sa valeur prise de l'équation du n°. 252, nous trouverons $x.\ cot.\ n + \frac{k\,r^2\,d\,x}{r\,d\,u + k\,d\,n} - f.\ r.\ \sqrt{d\,u^2 - d\,x^2} = 0$.

289. Les équations des n°s. 121 et 170 donneroient $y.\ cot.\ n + \frac{k\,r^2\,d\,y}{r\,d\,u + k\,d\,n} + f.\ r.\ \sqrt{d\,u^2 - d\,y^2} = 0$.

290. Avec les équations des n°s. 220 et 252, éliminons $d\,u$, nous

trouverons $k.\ \sin.\ n.\ \frac{dn+dz}{dz} - \int.\ \frac{k.\ \cos.\ n}{r}\ (dn + dz) = 0$,
ou $k.\ \sin.\ n.\ \frac{dn+dz}{dz} + r^2.\ e^{\int.\ \cot.\ n.\ dz} = 0$.

291. L'élimination de n donneroit $\frac{rdu}{dz}.\ \sin.\ (z + \int.\ \frac{rdu}{k}) - \int.\ du.\ \cos.\ (z + \int.\ \frac{rdu}{k}) = 0$.

292. Avec les équations des n°s. 200 et 254, éliminons du, nous trouverons $hkt.\ dn + tang.\ n.\ dt.\ (t^2 + hk) = 0$.

293. Avec les équations des n°s. 180 et 255, éliminons du, nous trouverons $x.\ \cos.\ n + \frac{h^2 r}{k}.\ \frac{\cot.\ n.\ dx}{\sin.\ n.\ dh} - \sqrt{h^2 r^2 - x^2 \sin^2 n} = 0$.

294. L'élimination de n donneroit

$$\frac{k^2 dh^2 + h^2 du^2}{du^2} + \frac{kxdh + h.\ \sqrt{k^2 dh^2 + h^2 du^2 - x^2 du^2}}{dx} = 0.$$

295. Avec les équations des n°s. 187 et 255, éliminons du, nous trouverons $y.\ \cos.\ n + \frac{h^2 r}{k}.\ \frac{\cot.\ n.\ dy}{\sin.\ n.\ dh} + \sqrt{h^2 r^2 - y^2.\ \sin^2.\ n.} = 0$.

296. L'élimination de n donneroit

$$\frac{k^2 dh^2 + h^2 du^2}{du^2} = \frac{-kydh + h\sqrt{k^2 dh^2 + h^2 du^2 - y^2 du^2}}{dy}.$$

297. Avec les équations des n°s. 216 et 256, éliminons t^2, nous trouverons $\frac{hrdu}{dz} = \frac{k^2 dh^2 + h^2 du^2}{du^2}$.

298. Avec les équations des n°s. 227 et 256, éliminons du, nous trouverons $\frac{hkdh}{t.\ \sqrt{t^2 - h^2}} + \frac{xdt - tdx}{\sqrt{t^2 - x^2}} = 0$.

299. L'équation du n°. 229 donneroit

$$\frac{hkdh}{t\sqrt{t^2 - h^2}} + \frac{tdy - ydt}{\sqrt{t^2 - y^2}} = 0.$$

300. La troisième équation du n°. 53 donne $rdx + \int.\ diff.\ \sin.\ m =$

$\frac{r^2 df.}{sin.\, m} - sin.\, m.\, df$; à $sin.\, m.$ substituons (n°. 258) $-\int. rk^{-1} dx$, nous trouverons $dx - \int. k^{-1} dx = - \frac{df}{\int. k^{-1} dx} + df. \int. k^{-1} dx$.

301. L'équation du n°. 60 donne $sin.\, m.\, dh - h.\, diff.\, sin.\, m = \frac{r^2\, dh}{sin.\, m} - \frac{rx.\, diff.\, sin.\, m}{sin.\, m}$; à $sin.\, m$ substituons (n°. 258) $-\int. rk^{-1} dx$, nous trouverons $kdh. \int. k^{-1} dx - hdx = \frac{kdh + xdx}{\int. k^{-1} dx}$.

302. L'équation du n°. 61 donneroit $kdh. \int. k^{-1} dy - hdy = \frac{kdh + ydy}{\int. k^{-1} dy}$.

303. Egalons les deux valeurs de $sin.\, m$ prises de la troisième équation du n°. 84, et de la seconde équation du n°. 258, nous trouverons $e^{\int. dh : (f+h)} = \int. \frac{rdx}{k}$.

304. Egalons les deux valeurs de $\frac{dx}{cos.\, m}$ prises des équations des n°s. 139 et 258, nous trouverons $x.\, sec.\, z.\, dz = - k.\, sin.\, n.\, dm$; substituons (n°. 3) $dn + dz$ à dm, nous aurons

$$x.\, sec.\, z.\, dz + k.\, sin.\, n.\, dn + k.\, sin.\, n.\, dz = 0.$$

305. Avec les équations des n°s. 166 et 258, éliminons dx, nous trouverons $k.\, cos.\, m.\, dm + r^2 \sqrt{du^2 - dy^2} = 0$.

Ou bien dans l'équation $diff.\, cot.\, m = - \frac{r^2\, dm}{sin^2.\, m}$ substituons à dm sa valeur prise de l'équation du n°. 251, et à $sin^2.\, m$ sa valeur prise de l'équation du n°. 172, nous trouverons $diff.\, cot.\, m = \frac{rdu^3}{kdy^2}$.

306. Egalons les deux valeurs de $sin.\, m$ données par la première équation du n°. 5, et par la seconde équation du n°. 258, nous trouverons $\frac{\sqrt{f^2 - y^2}}{f} + \int. \frac{dx}{k} = 0$.

Ou bien j'égale les deux valeurs de du données par les équations des n°s. 173 et 251, et je trouve $frdx + kydm = 0$; je substitue

cette

cette valeur de dm dans la seconde équation du n°. 5, et j'ai $\frac{f^2 dx}{ky} + \frac{ydf - fdy}{\sqrt{f^2 - y^2}} = 0$.

307. Egalons les deux valeurs de $cos.\ m$ données par la première équation du n°. 5, et par la seconde équation du n°. 259, nous trouverons $\frac{y}{f} - \int. \frac{dy}{k} = 0$, ou $\frac{fdy - ydf}{f^2} - \frac{dy}{k} = 0$, ou $\frac{df}{f-k} - \frac{df}{f} + \frac{dy}{y} = 0$, ou $\frac{dy}{y} + \frac{k}{f} \cdot \frac{df}{f-k} = 0$.

308. Egalons les deux valeurs de $\frac{dy}{sin.\ m}$ prises des équations des n°s. 142 et 259, nous trouverons $y.\ cosec.\ z.\ dz + k.\ sin.\ n.\ dn + k.\ sin.\ n.\ dz = 0$.

309. Avec les équations des n°s. 166 et 259, éliminons dy, nous trouverons $k.\ sin.\ m.\ dm + r^2.\ \sqrt{du^2 - dx^2} = 0$.

Ou bien dans l'équation $diff.\ tang.\ m = \frac{r^2 dm}{cos^2.\ m}$ substituons à dm sa valeur prise de l'équation du n°. 251, et à $cos^2.\ m$ sa valeur prise de l'équation du n°. 171, nous trouverons $diff.\ tang.\ m = -\frac{r du^3}{k dx^2}$.

310. Avec les équations des n°s. 172 et 258, éliminons $sin.\ m$, nous trouverons $\frac{dy}{du} + \int. \frac{dx}{k} = 0$, ou $y + u. \int. \frac{dx}{k} - \int. \frac{u\,dx}{k} = 0$.

Ou bien avec les équations des n°s. 171 et 259, éliminons $cos.\ m$, nous trouverons $\frac{dx}{du} - \int. \frac{dy}{k} = 0$, ou $x - u. \int. \frac{dy}{k} + \int. \frac{u\,dy}{k} = 0$.

311. Avec les équations des n°s. 182 et 258, éliminons x, nous trouverons $hr.\ sin.\ m.\ du - kr.\ cos.\ m.\ dh + du. \int. k.\ cos.\ m.\ dm = 0$.

Ou bien avec les équations des n°s. 188 et 259, éliminons y, nous trouverons

$$kr.\ sin.\ m.\ dh + hr.\ cos.\ m.\ du - du. \int. k.\ sin.\ m.\ dm = 0.$$

312. Avec les équations des n°s. 3 et 260, éliminons m, nous trouverons $k\,dn + k\,dz + sec.\,n.\,dt = 0$.

313. Avec les secondes équations des n°s. 210 et 263, éliminons $tang.\,m$, nous trouverons $\frac{k\,df}{f-k} + \frac{r\,du - f.\,diff.\,cot.\,z}{cot.\,z} = 0$.

314. Avec l'équation du n°. 251, et la seconde équation du n°. 263, éliminons m, nous trouverons $\frac{k\,r}{f-k}.\,\frac{df}{du} = tang.\,\int.\,\frac{r\,du}{k}$.

315. L'élimination de du donneroit $\frac{df}{f-k} = \frac{dm}{cot.\,m}$. Cette équation donne $dm = \frac{cot.\,m.\,df}{f-k}$, donc $m = \int.\,\frac{cot.\,m.\,df}{f-k}$, donc on a aussi $cot.\,m = cot.\,\int.\,\frac{cot.\,m.\,df}{f-k}$.

316. L'équation du n°. 272 donne $sin.\,m.\,sin.\,n + cos.\,m.\,cos.\,n + \frac{r^3 x}{k.\,sin.\,n} - \frac{r^3 x.\,dn}{k.\,sin.\,n.\,dm} = 0$; substituons à dm sa valeur prise de la première équation du n°. 258, nous aurons $\frac{r^3 x\,dx + k.\,sin.\,m.\,sin^2.\,n.\,dx}{r x\,dn + sin.\,n.\,cos.\,n.\,dx} + k.\,cos.\,m = 0$; à $sin.\,m$ et à $cos.\,m$ substituons leurs valeurs prises de la seconde équation du n°. 258, nous trouverons

$$\frac{r^3\,x\,dx + k.\,sin^2.\,n.\,dx.\,\int.-k^{-2}\,dx}{r x\,dn + sin.\,n.\,cos.\,n.\,dx} + k\sqrt{1 - \int^2.-k^{-1}dx} = 0.$$

317. L'équation du n°. 273 donne $sin.\,m.\,cos.\,n - sin.\,n.\,cos.\,m + \frac{r^3 y}{k.\,sin.\,n} - \frac{r^3 y.\,dn}{k.\,sin.\,n.\,dm} = 0$; substituons à dm sa valeur prise de la première équation du n°. 259, nous aurons $\frac{r^3 y\,dy - k.\,sin^2.\,n.\,cos.\,m.\,dy}{sin.\,n.\,cos.\,n.\,dy - r y.\,dn} + k.\,sin.\,m = 0$; à $sin.\,m$ et à $cos.\,m$ substituons leurs valeurs prises de la seconde équation du n°. 259, nous trouverons

$$\frac{r^3 y.\,dy - k.\,sin^2.\,n.\,dy.\,\int.\,k^{-1}\,dy}{sin.\,n.\,cos.\,n.\,dy - r y.\,dn} + k.\sqrt{1 - \int^2 k^{-1}\,dy} = 0.$$

318. Avec les équations des n°s. 3 et 276, éliminons m, nous trouverons $k.\,sin^2.\,n + \frac{h\,r^2\,dz}{dn + dz} = 0$.

319. Avec les équations des n°s. 2 et 284, éliminons t, nous trouverons $kdh + xdx + ydy = 0$.

320. Avec les équations des n°s. 4 et 284, éliminons h, nous trouverons $\frac{t.\sin.n}{r} + \int.\frac{tdt}{k} = 0$, ou $r^2tdt + kr.\sin.n.dt + kt.\cos.n.dn = 0$.

321. L'élimination de t donneroit $\frac{h^2r^2}{\sin^2.n} + \int.2kdh = 0$, ou $r^2hdh - h^2.\cot.n.dn + k.\sin^2.n.dh = 0$.

322. Avec les équations des n°s. 6 et 284, éliminons t, nous trouverons $x^2.\sec^2.z + \int.2r^2kdh = 0$.

323. L'équation du n°. 7 donneroit $y^2.\mathrm{cosec}^2.z + \int.2r^2kdh = 0$.

324. Avec les équations des n°s. 59 et 284, éliminons h, nous trouverons $\frac{xdy - ydx}{\sqrt{dx^2 + dy^2}} + \int.\frac{tdt}{k} = 0$.

325. Avec les équations des n°s. 115 et 284, éliminons dt, nous trouverons $hkrdh + t^2dz.\sqrt{t^2 - h^2} = 0$.

326. L'élimination de h donneroit

$$\frac{t^2dz}{\sqrt{t^2dz^2 + r^2dt^2}} + \int.\frac{tdt}{k} = 0.$$

327. Avec les équations des n°s. 163 et 284, éliminons t, nous trouverons $h^2df + dh.(f + h).(f - k) + df.\int.2kdh = 0$.

328. L'élimination de h donneroit $tdt.(f. - k).(f + \int. - k^{-1}tdt) + kdf.(t^2 - \int^2. - k^{-1}tdt) = 0$.

329. Dans l'équation du n°. 163, substituons (n°. 4) $\frac{t.\sin.n}{r}$ à h et $\frac{t^2.\sin^2.n}{r^2}$ à h^2, et (n°. 284) $-\frac{tdt}{k}$ à dh, nous trouverons $kt.\cos^2.n.df + rdt.(f - k).(fr + t.\sin.n) = 0$.

330. Avec les équations des n°s. 216 et 284, éliminons h, nous trouverons $\frac{t^2dz}{rdu} + \int.\frac{tdt}{k} = 0$.

331. Avec les équations des nos. 227 et 284, éliminons h, nous trouverons $\frac{xdt-tdx}{du} \cdot \frac{t}{\sqrt{t^2-x^2}} + \int \cdot \frac{tdt}{k} = 0$.

332. L'équation du n°. 229 donne $\frac{tdy-ydt}{du} \cdot \frac{t}{\sqrt{t^2-y^2}} + \int \cdot \frac{tdt}{k} = 0$.

333. Avec l'équation du n°. 284, et la dernière équation du n°. 241, éliminons h, nous trouverons

$$ru + \frac{r^2 tdt}{kdm} + m. \int \cdot \frac{tdt}{k} - \int \cdot \frac{mtdt}{k} = 0.$$

334. Avec les équations des nos. 284 et 301, éliminons h, nous trouverons $dx. \int . k^{-1} tdt - tdt. \int . k^{-1} dx + \frac{tdt-xdx}{\int . k^{-1} dx} = 0$.

335. L'équation du n°. 302 donneroit

$$dy. \int . k^{-1} tdt - tdt. \int . k^{-1} dy + \frac{tdt-ydy}{\int . k^{-1} dy} = 0.$$

336. Avec l'équation ~~du n°. 2, et la seconde~~ équation du n°. 306, éliminons x, nous trouverons $\sqrt{t^2-y^2} + \int \cdot \frac{ky}{f^2} \cdot \frac{ydf-fdy}{\sqrt{f^2-y^2}} = 0$.

337. L'équation du n°. 8 donneroit $y. cot. z + \int \cdot \frac{kry}{f^2} \cdot \frac{ydf-fdy}{\sqrt{f^2-y^2}} = 0$.

338. Avec l'équation du n°. 2, et la seconde équation du n°. 307, éliminons y, nous trouverons $\frac{tdt-xdx}{t^2-x^2} + \frac{k}{f} \cdot \frac{df}{f-k} = 0$.

339. L'équation du n°. 7 donneroit

$$\frac{dt}{t} + \frac{dz}{tang.\, z} + \frac{k}{f} \cdot \frac{df}{f-k} = 0.$$

340. Celle du n°. 8 $\frac{dx}{x} + \frac{rdz}{sin.\, z.\, cos.\, z} + \frac{k}{f} \cdot \frac{df}{f-k} = 0$.

341. Et celle du n°. 173 $\frac{rdu}{fdx} - e^{\int . kdf : (f^2 - fk)} = 0$.

342. Dans la seconde équation du n°. 246, substituons à $\frac{fdy}{y}$ sa valeur prise de la dernière équation du n°. 307, nous trouverons $\int du + t. \sqrt{du^2 - dt^2} + \frac{tdt}{du} \cdot \frac{kdf}{f-k} = 0$.

343. Dans la seconde équation du n°. 105, substituons à tdt sa valeur prise de l'équation du n°. 284, nous trouverons $\frac{kdh}{ydy} + \frac{f^2 + fh}{f^2 - y^2} = 0$: substituons à dy sa valeur prise de la dernière équation du n°. 307, nous aurons aussi $\frac{y^2\, df}{f^2 - y^2} - dh.\frac{f-k}{f+h} = 0.$

344. Avec la première équation du n°. 8, et la première équation du n°. 310, éliminons y, nous trouverons

$$x.\ tang.\ z + ru.\int.\frac{dx}{k} - \int.\frac{rudx}{k} = 0.$$

345. Avec la première équation du n°. 8, et la seconde équation du n°. 310, éliminons x, nous trouverons

$$y.\ cot.\ z - ru.\int.\frac{dy}{k} + \int.\frac{rudy}{k} = 0.$$

346. Avec les équations des n°s. 166 et 310, éliminons du, nous trouverons

$$\frac{dy}{\sqrt{dx^2 + dy^2}} + \int.\frac{dx}{k} = 0, \text{ ou } \frac{dx}{\sqrt{dx^2 + dy^2}} - \int.\frac{dy}{k} = 0.$$

347. L'élimination de dy donneroit $\frac{\sqrt{du^2 - dx^2}}{du} + \int.\frac{dx}{k} = 0.$

348. L'élimination de dx donneroit $\frac{\sqrt{du^2 - dy^2}}{du} - \int.\frac{dy}{k} = 0.$

349. Egalons les deux valeurs de dz prises de l'équation du n°. 312, et de la seconde équation du n°. 6, nous trouverons

$$\frac{kdn + sec.\ n.\ dt}{kr} + \frac{xdt - tdx}{t\sqrt{t^2 - x^2}} = 0.$$

350. La seconde équation du n°. 7 donneroit

$$\frac{kdn + sec.\ n.\ dt}{kr} + \frac{tdy - ydt}{t\sqrt{t^2 - y^2}} = 0.$$

351. Egalons les deux valeurs de $\frac{dy}{y}$ prises des dernières équations dans les n°s. 58 et 307, nous trouverons $\frac{k}{f}.\frac{df}{f-k} +$

$\frac{diff.\ cot.\ z}{cot.\ m - cot.\ z} = 0$. Ou bien avec les équations des nos. 251 et 313, éliminons du, nous trouverons

$$\frac{k.\ cot.\ z.\ df}{f-k} - kdm - f.\ diff.\ cot.\ z = 0.$$

352. Les premières équations des nos. 84 et 315 donnent $\frac{dm^2}{r^2} = \frac{df}{f-k} \cdot \frac{dh}{f+h}$.

353. Avec l'équation du no. 154, et la première équation du no. 315, éliminons dm, nous trouverons

$$\frac{cot.\ m.\ df}{r} = \frac{frdn.\ (f-k) - k.\ sin.\ n.\ cos.\ n.\ df}{fr^2 - k.\ sin^2.\ n}.$$

Avec les mêmes équations, si on préfère d'éliminer $cot.\ m$, on trouve $\frac{fdm - kdm}{r} = \frac{frdn.\ (f-k) - k.\ sin.\ n.\ cos.\ n.\ df}{fr^2 - k.\ sin^2.\ n}$.

354. Avec l'équation du no. 319, et la première équation du no. 9, éliminons h, nous trouverons $\frac{sin.\ n}{r} \sqrt{x^2+y^2} + f.\ \frac{xdx+ydy}{k} = 0$.

355. Avec les équations des nos. 79 et 319, éliminons h, nous trouverons $\frac{x^2dz + y^2dz}{r\sqrt{dx^2+dy^2}} + f.\ \frac{xdx+ydy}{k} = 0$.

356. Avec les équations des nos. 284 et 325, éliminons t, nous trouverons $\frac{hkrdh}{f.\ 2kdh} = dz.\ \sqrt{-h^2 - f.\ 2kdh}$.

357. Avec les premières équations des nos. 8 et 346, éliminons y, nous trouverons $f.\ \frac{dx}{k} + \frac{diff.\ x.\ tang.\ z}{\sqrt{r^2 dx^2 + (diff.\ x.\ tang.\ z)^2}} = 0$.

358. Avec la première équation du no. 8, et la seconde équation du no. 346, éliminons x, nous trouverons

$$\frac{dy}{k} - \frac{diff.\ y.\ cot.\ z}{\sqrt{r^2 dy^2 + (diff.\ y.\ cot.\ z)^2}} = 0.$$

359. L'équation du n°. 347 donne $\left(1 - \frac{dx^2}{du^2}\right)^{\frac{1}{2}} + \int. \frac{dx}{k} = 0$; substituons à du^2 sa valeur prise de l'équation du n°. 221, nous trouverons $\left(1 - \frac{r^2 dx^2}{r^2 dt^2 + t^2 dz^2}\right)^{\frac{1}{2}} + \int. \frac{dx}{k} = 0$.

360. L'équation du n°. 348 donneroit

$$\left(1 - \frac{r^2 dy^2}{r^2 dt^2 + t^2 dz^2}\right)^{\frac{1}{2}} - \int. \frac{dy}{k} = 0.$$

361. Avec l'équation du n°. 3, et la seconde équation du n°. 351, éliminons m, nous trouverons

$$\frac{k. \cot. z. df}{f-k} - kdn - kdz - \int. diff. \cot. z = 0.$$

362. Dans la seconde équation du n°. 315, substituons à $\cot. m$ sa valeur prise de la première équation du n°. 351, nous trouverons $\cot. z - \frac{f. (f-k). diff. \cot. z}{kdf} = \cot. \left(\int. \frac{\cot. z. df}{f-k} - \int. \frac{f. diff. \cot. z}{k}\right)$.

363. Avec les équations des n°s. 124 et 352, éliminons dm, nous trouverons $h^2. \cot^2. n. df = r^2 dh. (f+h). (f-k)$.

364. Avec les équations des n°s. 146 et 352, éliminons dm, nous trouverons $\frac{df}{f-k} = dh. \frac{f+h}{t^2 - h^2}$.

365. Avec les équations des n°s. 251 et 352, éliminons dm, nous trouverons $\frac{du^2}{k^2} = \frac{df}{f-k}. \frac{dh}{f+h}$.

366. Avec les premières équations des n°s. 5 et 353, éliminons $\cot. m$, nous trouverons $\frac{fr. dn. (f-k) - k. \sin^2. n. \cos. n. df}{fr^2 - k. \sin^2. n.} = \frac{ydf}{\sqrt{f^2 - y^2}}$.

367. La première équation du n°. 315 donne $\sec. m = e^{\int. df : (f-k)}$; avec cette équation, et la première équation du

n°. 353, éliminons $cot. m$, nous trouverons $\frac{frdn.(f-k) - k. sin. n. cos. n. df}{fr^2 - k. sin^2. n} = rdf. \left(-r^2 + e^{\int. 2df:(f-k)}\right)^{-\frac{1}{2}}$.

368. Dans la seconde équation du n°. 353, substituons à dm sa valeur prise de l'équation du n°. 251, nous trouverons

$$\frac{frdn.(f-k) - k. sin. n. cos. n. df}{fr^2 - k. sin^2. n} + du. \frac{f-k}{k} = 0.$$

369. La première équation du n°. 31 donne $2r^2t^2 + 2fhr^2 - f^2. cot^2. z = f. cot. z. \sqrt{f^2. cot^2. z - 4hr^2. (f+h)}$; dans cette équation substituons à t^2 sa valeur prise de l'équation du n°. 364, nous trouverons $2r^2dh. (f+h). (f-k) + 2hr^2df. (f+h) - f^2. cot^2. z. df = f. cot. z. df. \sqrt{f^2. cot^2. z - 4hr^2. (f+h)}$.

370. L'équation du n°. 347 donne $du = \frac{dx}{\sqrt{1 - \overline{f^2. - k}^{-1} dx}}$; substituons cette valeur de du dans l'équation du n°. 368, nous trouverons

$$\frac{fr. dn. (f-k) - k. sin. n. cos. n. df}{fr^2 - k. sin^2. n} + \frac{f-k}{k}. \frac{dx}{\sqrt{1 - \overline{f^2. - k}^{-1} dx}} = 0.$$

371. Soit g une variable telle que gr désigne le double de la surface balayée par le rayon vecteur : cette variable, combinée avec les autres coordonnées, fournit quarante-cinq formules à trois variables. Voici les plus simples et les plus utiles.

1°. $\frac{r^3 dg}{diff. (f. cos. m)} + \int. f. diff. cosec. m = 0.$

2°. $\frac{r^2 dg}{dy} + \int. f^2 y dy. (f^2 - y^2)^{-\frac{3}{2}} = 0.$

3°. $\frac{r^2 dg}{h} = hdm + r. diff. \frac{rdh}{dm}.$

4°. $\frac{r^2 dg}{h} = tang. n. dh + diff. (h. cot. n).$

5°. $\frac{rdg}{h} = \frac{2dt}{\sqrt{t^2 - h^2}}.$

6°.

6°. $\frac{rdg}{h} = du.$

7°. $hr.\ diff.\ \log.\ \frac{dg}{dz} = 2\sqrt{dz.\,(r^2 dg - h^2 dz)}.$

8°. $\frac{r\,5\,dg}{k\,dm} = \sin.\,m.\int k.\cos.\,m.\,dm - \cos.\,m.\int k.\sin.\,m.\,dm.$

9°. $\frac{rtdg}{\sqrt{r^2 dg^2 + t^2 dt^2}} + \int.\ \frac{tdt}{k} = 0.$

10°. $udu + k.\ diff.\ \frac{rdg}{du} + du.\int.\ \frac{rdg}{k} = 0.$

11°. $dm - \frac{r^2 dg}{t^2} = \frac{r^2 dg^2}{r^2 dg^2 + t^2 dt^2}.\ diff.\ \frac{tdt}{dg}.$

12°. $\frac{r^3 dg}{du} = \sin.\,m.\int\cos.\,m.\,du - \cos.\,m.\int\sin.\,m.\,du.$

13°. $\frac{r^2 dg}{dx} - \int.\,x.\ diff.\ tang.\,m = 0.$

14°. $\frac{r^2 dg}{dy} + \int.\,y.\ diff.\ cot.\,m = 0.$

15°. $tdt = cot.\,n.\,dg.$

16°. $\frac{r.\ cosec.\ n.\ dg}{du} = \int.\cos.\,n.\,du.$

17°. $\frac{rdg}{dz} = e^{\int.\,2\,cot.\,n.\,dz}.$

18°. $rdg = t.\sqrt{du^2 - dt^2}.$

19°. $\frac{rdg}{t} = \frac{xdt - tdx}{\sqrt{t^2 - x^2}}.$

20°. $\frac{rdg}{t} = \frac{tdy - ydt}{\sqrt{t^2 - y^2}}.$

21°. $r^2 dg = t^2 dz.$

22°. $rdg = x.\sqrt{du^2 - dx^2} - dx.\int.\sqrt{du^2 - dx^2}.$

23°. $rdg = dy.\int.\sqrt{du^2 - dy^2} - y.\sqrt{du^2 - dy^2}.$

24°. $r. \sqrt{-\frac{dg}{dz}} = \int. \sqrt{du^2 - dg. dz}.$

25°. $r dg = x dy - y dx.$

26°. $x^2 dz = \cos^2. z. dg.$

27°. $y^2 dz = \sin^2. z. dg.$

TABLE ALPHABÉTIQUE

DE TOUTES LES RELATIONS ENTRE LES COORDONNÉES COMBINÉES QUATRE A QUATRE.

43°. *fktz*............ n°. 339
44°. *fkux*.............. 341
45°. *fkuy*.............. 253
46°. *fkuz*.............. 313
47°. *fkxy*.............. 306
48°. *fkxz*.............. 340
49°. *fkyz*.............. 337
50°. *fmnt*......... 24 et 93
51°. *fmnu*.............. 244
52°. *fmnx*........ 29 et 156
53°. *fmny*.............. 155
54°. *fmnz*.............. 134
55°. *fmtu*.............. 247
56°. *fmtx*......... 11 et 62
57°. *fmty*.............. 63
58°. *fmtz*......... 15 et 159
59°. *fmux*.............. 199
60°. *fmuy*.............. 185
61°. *fmuz*.............. 210
62°. *fmxy*.............. 52
63°. *fmxz*.......... 18 et 66
64°. *fmyz*.............. 64
65°. *fntu*.............. 202
66°. *fntx*......... 44 et 103
67°. *fnty*......... 47 et 94
68°. *fntz*......... 23 et 110
69°. *fnux*.............. 196
70°. *fnuy*.............. 214
71°. *fnuz*.............. 240
72°. *fnxy*......... 27 et 106
73°. *fnxz*......... 30 et 157
74°. *fnyz*......... 12 et 108
75°. *ftux*............ n°. 193
76°. *ftuy*.............. 246
77°. *ftuz*.............. 237
78°. *ftxy*.............. 67
79°. *ftxz*.............. 164
80°. *ftyz*.............. 70
81°. *fuxy*.............. 173
82°. *fuxz*.............. 194
83°. *fuyz*.............. 195
84°. *fxyz*.............. 71
85°. *hkmn*.............. 276
86°. *hkmt*.............. 281
87°. *hkmu*.............. 311
88°. *hkmx*.............. 264
89°. *hkmy*.............. 268
90°. *hkmz*.............. 277
91°. *hknt*.............. 292
92°. *hknu*.............. 255
93°. *hknx*.............. 293
94°. *hkny*.............. 295
95°. *hknz*.............. 318
96°. *hktu*.............. 256
97°. *hktx*.............. 298
98°. *hkty*.............. 299
99°. *hktz*.............. 325
100°. *hkux*.............. 294
101°. *hkuy*.............. 296
102°. *hkuz*.............. 297
103°. *hkxy*.............. 319
104°. *hkxz*.............. 322
105°. *hkyz*.............. 323
106°. *hmnt*.............. 96

TABLE ALPHABÉTIQUE

DE TOUTES LES RELATIONS ENTRE LES COORDONNÉES COMBINÉES TROIS A TROIS.

9°. *f k m* .... n°. 315
10°. *f k n* 367
11°. *f k t* 328
12°. *f k u* 314
13°. *f k x* 300
14°. *f k y* 307
15°. *f k z* 362
16°. *f m n* 154
17°. *f m t* 65
18°. *f m u* 181
19°. *f m x* 53
20°. *f m y* 5
21°. *f m z* 78
22°. *f n t* 162
23°. *f n u* 222
24°. *f n x* 111
25°. *f n y* 153
26°. *f n z* 152
27°. *f t u* 249
28°. *f t x* 68
29°. *f t y* 69
30°. *f t z* 130
31°. *f u x* 198
32°. *f u y* 197
33°. *f u z* 225
34°. *f x y* 54
35°. *f x z* 72
36°. *f y z* 73
37°. *h k m* 282
38°. *h k n* 321
39°. *h k t* 284
40°. *h k u* 283
41°. *h k x* .... n°. 301
42°. *h k y* 302
43°. *h k z* 356
44°. *h m n* 124
45°. *h m t* 146
46°. *h m u* 241
47°. *h m x* 60
48°. *h m y* 61
49°. *h m z* 145
50°. *h n t* 4
51°. *h n u* 176
52°. *h n x* 132
53°. *h n y* 137
54°. *h n z* 144
55°. *h t u* 238
56°. *h t x* 131
57°. *h t y* 136
58°. *h t z* 115
59°. *h u x* 203
60°. *h u y* 204
61°. *h u z* 239
62°. *h x y* 59
63°. *h x z* 125
64°. *h y z* 126
65°. *k m n* 278
66°. *k m t* 285
67°. *k m u* 251
68°. *k m x* 258
69°. *k m y* 259
70°. *k m z* 269
71°. *k n u* 279
72°. *k n t* 320

73°. *k n x*.......... n°. 316
74°. *k n y*.............. 317
75°. *k n z*.............. 290
76°. *k t u*.............. 286
77°. *k t x*.............. 334
78°. *k t y*.............. 335
79°. *k t z*.............. 326
80°. *k u x*.............. 347
81°. *k u y*.............. 348
82°. *k u z*.............. 291
83°. *k x y*.............. 346
84°. *k x z*.............. 357
85°. *k y z*.............. 358
86°. *m n t*.............. 114
87°. *m n u*.............. 233
88°. *m n x*.............. 133
89°. *m n y*.............. 138
90°. *m n z*.............. 3
91°. *m t u*.............. 245
92°. *m t x*.............. 50
93°. *m t y*.............. 51
94°. *m t z*.............. 161
95°. *m u x*.............. 171
96°. *m u y*.............. 172
97°. *m u z*.......... n°. 191
98°. *m x y*.............. 48
99°. *m x z*.............. 57
100°. *m y z*.............. 58
101°. *n t u*.............. 174
102°. *n t x*.............. 116
103°. *n t y*.............. 120
104°. *n t z*.............. 109
105°. *n u x*.............. 223
106°. *n u y*.............. 224
107°. *n u z*.............. 220
108°. *n x y*.............. 80
109°. *n x z*.............. 117
110°. *n y z*.............. 121
111°. *t u x*.............. 167
112°. *t u y*.............. 168
113°. *t u z*.............. 221
114°. *t x y*.............. 2
115°. *t x z*.............. 6
116°. *t y z*.............. 7
117°. *u x y*.............. 166
118°. *u x z*.............. 169
119°. *u y z*.............. 170
120°. *x y z*.............. 8

EXEMPLE DE L'USAGE DES FORMULES.

1. ÉTANT donnée l'équation d'une courbe entre deux variables soit proposé de leur substituer deux autres variables en épuisant toutes les combinaisons des dix coordonnées prises deux à deux. Je choisis l'équation de l'ellipse en prenant le grand axe pour ligne des abscisses et le foyer pour origine des coordonnées, parce que cette équation est du plus grand usage dans l'astronomie. Je nomme r le demi grand axe que je prends pour sinus total, b le demi petit axe, et c la demi-excentricité, ce qui donne $b^2 + c^2 = r^2$: cela posé, l'équation à l'ellipse en x et y est $r^2 y^2 + b^2 x^2 - 2\, b^2 c x - b^4 = 0$.

2. J'élimine y avec l'équation du n°. 1 et la formule entre t, x, et y, et je trouve $cx + b^2 = rt$.

3. J'élimine y avec l'équation du n°. 1 et la formule entre u, x, et y, et je trouve $r\,du.\sqrt{r^2 - (c-x)^2} = dx.\sqrt{r^4 - c^2.(c-x)^2}$.

4. J'égale les deux valeurs de x données par l'équation du n°. 2 et par la formule entre t, x, et y, et je trouve $c^2 y^2 + b^2 t^2 - 2\, b^2 r t + b^4 = 0$.

5. J'égale les deux valeurs de x données par l'équation du n°. 2 et par la formule entre t, x, et z, et je trouve $ct.\ cos.\ z - r^2 t + b^2 r = 0$.

6. La valeur de $cos.\ z$ trouvée au n°. 5 donne $dz = \frac{b\,r\,dt}{t\sqrt{2rt - t^2 - b^2}}$, je substitue cette expression de dz dans la formule entre h, t, et z, et je trouve $b^2 t + h^2 t - 2\, h^2 r = 0$.

7. J'élimine t avec les équations des n°s. 2 et 5, et je trouve $r^2 x - cx.\ cos.\ z = b^2.\ cos.\ z$.

8. J'élimine h avec l'équation du n°. 6 et la formule entre h, n, et t, et je trouve $br = \sin. n. \sqrt{2rt - t^2}$.

9. J'élimine h avec l'équation du n°. 6 et la formule entre h, t, et u, et je trouve $du. \sqrt{2rt - t^2 - b^2} = dt. \sqrt{2rt - t^2}$.

10. J'élimine h avec l'équation du n°. 6 et la formule entre h, k, et t, et je trouve $bkr = \pm (2rt - t^2)^{\frac{3}{2}}$.

11. J'élimine t avec les équations des n°s. 2 et 6, et je trouve $ch^2x + b^2h^2 - 2h^2r^2 + b^2cx + b^4 = 0$.

12. J'élimine t avec les équations des n°s. 5 et 6, et je trouve $2ch^2. \cos. z - 2h^2r^2 + b^2h^2 + b^4 = 0$.

13. Les équations des n°s. 5 et 8 me donnent les expressions de $\cos. z$ et de $\sin. n$ en t; or $m = n + z$, donc (*trig.*) $r. \sin. m = \sin. n. \cos. z + \sin. z. \cos. n$, donc $\sin. m = \frac{br}{c} \cdot \frac{r - t}{\sqrt{2rt - t^2}}$.

14. J'élimine t avec les équations des n°s. 5 et 9, et je trouve $du. (r^2 - c. \cos. z)^2 = b^2rdz. \sqrt{r^2 + c^2 - 2c. \cos. z}$.

15. J'élimine t avec les équations des n°s. 6 et 10, et je trouve $8b^2h^3r^2 = \pm k. (b^2 + h^2)^3$.

16. J'élimine t avec les équations des n°s. 6 et 13, et je trouve $2ch. \sin. m = b^2r - h^2r$.

17. J'élimine t avec les équations des n°s. 10 et 13, et je trouve $b^2r^5 = \pm k. (r^2. \sin^2. m + b^2. \cos^2. m)^{\frac{3}{2}}$.

18. J'élimine m avec l'équation du n°. 16 et la formule entre f, h, et m, et je trouve $fh^2 + b^2f + 2b^2h = 0$.

19. J'élimine k avec l'équation du n°. 17 et la formule entre k, m, et u, et je trouve $b^2r^4 dm = \pm du. (r^2. \sin^2. m + b^2. \cos^2. m)^{\frac{3}{2}}$.

20. J'égale les deux valeurs de $b^2 + h^2$ prises des équations des n°s. 15 et 18, et je trouve $f^3 r^2 = b^4 k$.

21. J'élimine k avec les équations des n°s. 10 et 20, et je trouve $fr = \pm b. \sqrt{2rt - t^2}$.

22. J'élimine k avec les équations des n°s. 17 et 20, et je trouve $b^4 r^2 = f^2. (r^2. sin^2. m + b^2. cos^2. m)$.

23. J'égale les deux valeurs de $\sqrt{2rt - t^2}$ prises des équations des n°s. 8 et 21, et je trouve $f. sin. n + b^2 = 0$.

Ou bien j'égale les deux valeurs de $\frac{rt}{x}$ données per l'équation du n°. 2, et par la formule différentielle entre f, n, t, et x, et je trouve $c + b^2 x^{-1} = f. f. sin. n. x^{-2} dx$, donc $- b^2 x^{-2} dx = f. sin. n. x^{-2} dx$, donc $f. sin. n + b^2 = 0$.

24. J'élimine f avec l'équation du n°. 22 et la formule entre f, m, et y, et je trouve $b^2 y^2 + y^2. tang^2. m = b^4$.

25. J'élimine f avec les équations des n°s. 18 et 23, et je trouve $b^2 + h^2 = 2 h. sin. n$.

26. J'élimine f avec les équations des n°s. 22 et 23, et je trouve $r^2. sin^2. m + b^2. cos^2. m = r^2. sin^2. n$; je substitue $r^2 - cos^2. m$ à $sin^2. m$ et $r^2 - cos^2. n$ à $sin^2. n$, et je trouve $c. cos. m = r. cos. n$.

Ou bien l'équation du n°. 2 me donne $cdx - rdt = 0$; je substitue ce raport de dx à dt dans la formule différentielle entre m, n, t, et x, et je trouve $c. cos. m = r. cos. n$.

27. J'élimine y avec les équations des n°s. 1 et 24, et je trouve $\frac{b^2 r^2}{b^2 + tang^2. m} = b^2 + 2cx + x^2$.

28. J'élimine m avec l'équation du n°. 24 et la formule entre f, m, et y, et je trouve $c^2 y^2 - f^2 r^2 + b^4 = 0$.

29. L'équation du n°. 26 donne $c. cos. m = r. cos. (m - z)$;

donc (*trig.*) $c. \cos. m = \sin. m. \sin. z + \cos. m. \cos. z$, donc $\cot. m = \frac{r. \sin. z}{c - \cos. z}$.

30. On trouve de même $\cot. n = -\frac{cr. \sin. z}{r^2 - c. \cos. z}$.

31. J'élimine m avec les équations des n°s. 17 et 26, et je trouve $b^2 r^2 = k. \sin^3. n$.

32. J'élimine f avec l'équation du n°. 28 et la formule entre f, u, et y, et je trouve $b\,du. \sqrt{b^2 - y^2} = dy. \sqrt{c^2 y^2 + b^4}$.

33. J'élimine y avec l'équation du n°. 28 et la formule entre f, u, et y, et je trouve $\frac{r^2 f^2 df}{b\,du} = \sqrt{f^2 r^2 - b^4} \times \sqrt{b^2 - f^2}$.

34. J'élimine y avec les équations des n°s. 1 et 28, et je trouve $b^2 c^2 x^2 - 2 b^2 c^3 x + f^2 r^4 - b^4 r^2 - b^4 c^2 = 0$.

35. J'élimine f avec les équations des n°s 18 et 28, et je trouve $\frac{2 b^2 h r}{b^2 + h^2} = \sqrt{c^2 y^2 + b^4}$.

36. J'élimine f avec les équations des n°s. 20 et 28, et je trouve $b^4 kr = \pm (c^2 y^2 + b^4)^{\frac{3}{2}}$.

37. J'élimine f avec les équations des n°s. 23 et 28, et je trouve $cry = b^2. \cot. n$.

38. J'élimine n avec les équations des n°s. 30 et 31, et je trouve $k. (r^2 - c. \cos. z)^3 = \pm b^2 r^2. (r^2 + c^2 - 2 c. \cos. z)^{\frac{3}{2}}$.

39. J'élimine f avec les équations des n°s. 20 et 34, et je trouve $bkr^4 = \pm (b^2 r^2 + b^2 c^2 + 2 c^3 x - c^2 x^2)^{\frac{3}{2}}$.

40. J'élimine y avec les équations des n°s. 32 et 36, et je trouve $brdk = \pm 3\, du. (r^2 - \sqrt[3]{b^2 r^2 k^2})^{\frac{1}{2}} \times (-b^2 + \sqrt[3]{b^2 r^2 k^2})^{\frac{1}{2}}$.

41. J'élimine y avec les équations des n°s. 1 et 37, et je trouve $c^2 x^2 - 2 c^3 x = b^2 c^2 - b^2. \cot^2. n$, ou $cx - c^2 = \pm \sqrt{c^2 r^2 - b^2. \cot^2 n}$.

42. J'élimine n avec les équations des n°s. 30 et 37, et je trouve $cy.\cos.z - r^2y - b^2.\sin.z = 0.$

43. J'élimine y avec les équations des n°s. 32 et 37, et je trouve $\frac{b^2\,r\,dn}{du} = \pm \sin^2.n.\sqrt{\sin^2.n - b^2}.$

44. J'élimine y avec les équations des n°s. 28 et 42, et je trouve $\frac{b^2\,c.\sin.z}{r^2 - c.\cos.z} = \pm\sqrt{f^2r^2 - b^4}.$

45. J'élimine n avec les équations des n°s. 25 et 43, et je trouve $\frac{8\,b^2h^2r^2\,dh}{(b^2+h^2)^2} = \pm\,du.\sqrt{4h^2r^2 - (b^2+h^2)^2}.$

46. On peut déterminer la relation entre la surface et chacune des autres coordonnées en employant les formules relatives à cette variable. On apelle arc de l'excentrique une autre variable dont la propriété caractéristique est que son cosinus égale $c - x$. Je nomme φ l'arc de l'excentrique ; voici sa relation avec chacune des dix coordonnées :

1°. $\sin.\varphi = \frac{ry}{b}$, 2°. $\sin.\varphi = \frac{b.\cot.n}{c}$, 3°. $\sin.\varphi = \frac{r}{c}.(-b^2 + \sqrt[3]{b^2r^2k^2})^{\frac{1}{2}}$, 4°. $\cos.\varphi = c - x$, 5°. $\cos.\varphi = \frac{rt - r^2}{c}$, 6°. $\cos.\varphi = \frac{r^2}{c}.\frac{h^2 - b^2}{h^2 + b^2}$, 7°. $\cos.\varphi = \frac{r^2.\sqrt{b^2 - f^2}}{bc}$, 8°. $\tan g.\varphi = \frac{b.\cot.m}{r}$, 9°. $\tan g.\frac{1}{2}z.\sqrt{r - c} = {}^{\tan g.}_{\cot.}\,\frac{1}{2}\varphi.\sqrt{r + c}$, 10°. $r^2du = d\varphi.\sqrt{r^4 - c^2.\cos^2.\varphi}.$

47. Si on faisoit $c = \cos.\gamma$, la neuvième relation deviendroit $r.\tan g.\frac{1}{2}z = \tan g.\frac{1}{2}\gamma\;{}^{\tan g.}_{\cot.}\,\frac{1}{2}\varphi.$

TABLE ALPHABÉTIQUE

DE TOUTES LES ÉQUATIONS DE L'ELLIPSE, EN PRENANT LE FOYER POUR ORIGINE DES COORDONNÉES.

ÉQUATIONS DE L'ELLIPSE

PAR ORDRE ALPHABÉTIQUE,

EN PRENANT LE CENTRE POUR ORIGINE DES COORDONNÉES.

1°. $fh = b^2$, 2°. $b^4 k = f^3 r^3$, 3°. $b^4 r^2 = f^2 . (r^2 . \sin^2 . m + b^2 . \cos^2 . m)$, 4°. $b^3 r = f . \sin . n . \sqrt{b^4 + b^2 r^2 - f^2 r^2}$, 5°. $fr = b . \sqrt{r^2 + b^2 - t^2}$, 6°. $\frac{r^3 f^2 \, df}{b \, du} = \sqrt{f^2 r^2 - b^4} \times \sqrt{b^2 - f^2}$, 7°. $bcx = r^2 . \sqrt{b^2 - f^2}$, 8°. $cy = \sqrt{f^2 r^2 - b^4}$, 9°. $b . \sqrt{f^2 r^2 - b^4} = r . \text{tang.} \, z . \sqrt{b^2 - f^2}$, 10°. $h^3 k = b^2 r^2$, 11°. $c . \sin . m = r . \sqrt{h^2 - b^2}$ ou $c . \cos . m = r . \sqrt{r^2 - h^2}$, 12°. $h^2 r = \sin . n . \sqrt{h^2 r^2 + b^2 h^2 - b^2 r^2}$, 13°. $br = h . \sqrt{r^2 + b^2 - t^2}$, 14°. $b^2 r^2 \, dh = h^2 \, du . \sqrt{r^2 - h^2} \times \sqrt{h^2 - b^2}$, 15°. $chx = r^2 . \sqrt{h^2 - b^2}$, 16°. $chy = b^2 . \sqrt{r^2 - h^2}$, 17°. $b^2 . \sqrt{r^2 - h^2} = r . \text{tang.} \, z . \sqrt{h^2 - b^2}$, 18°. $b^2 r^5 = k . (r^2 . \sin^2 . m + b^2 . \cos^2 . m)^{\frac{3}{2}}$, 19°. $b . \cot . n = (r^2 - \sqrt[3]{b^2 r^2 k^2})^{\frac{1}{2}} \times (-b^2 + \sqrt[3]{b^2 r^2 k^2})^{\frac{1}{2}}$, 20°. $bkr = (r^2 + b^2 - t^2)^{\frac{3}{2}}$, 21°. $brdk = 3 \, du . (+ r^2 - \sqrt[3]{b^2 r^2 k^2})^{\frac{1}{2}} \times (-b^2 + \sqrt[3]{b^2 r^2 k^2})^{\frac{1}{2}}$, 22°. $bkr^4 = (r^4 - c^2 x^2)^{\frac{3}{2}}$, 23°. $b^4 kr = (c^2 y^2 + b^4)^{\frac{3}{2}}$, 24°. $bkr . (b^2 + \text{tang}^2 . z)^{\frac{3}{2}} = (b^4 + r^2 . \text{tang}^2 . z)^{\frac{3}{2}}$, 25°. $\text{tang.} \, m . \text{tang.} (m - n) = b^2$, 26°. $b^2 c^2 = (r^2 - t^2) \times (b^2 + \text{tang}^2 . m)$, 27°. $b^2 r^4 \, dm = du . (r^2 . \sin^2 . m + b^2 . \cos^2 . m)^{\frac{3}{2}}$, 28°. $bx = \text{tang.} \, m . \sqrt{r^2 - x^2}$, 29°. $b^2 = y . \sqrt{b^2 + \text{tang}^2 . m}$, 30°. $\text{tang.} \, m . \text{tang.} \, z = b^2$,

31°. $b.\ cot.\ n = \sqrt{r^2 - t^2} \times \sqrt{t^2 - b^2}$, ou $b.\ cosec.\ n = t.\sqrt{r^2 + b^2 - t^2}$, ou $2\ t = \sqrt{r^2 + b^2 + 2\ b.\ cosec.\ n} \pm \sqrt{r^2 + b^2 - 2\ b.\ cosec.\ n}$, 32°. $2\ cos.\ n.\ du = r.\ diff.\ \sqrt{r^2 + b^2 + 2\ b.\ cosec.\ n} \pm r.\ diff.\sqrt{r^2 + b^2 - 2\ b.\ cosec.\ n}$, 33°. $b\,r^2.\ cot.\ n = c^2\,x.\sqrt{r^2 - x^2}$, 34°. $b^3.\ cot.\ n = c^2\,y.\sqrt{b^2 - y^2}$, 35°. $tang.\ z.\ tang.\ (n + z) = b^2$, 36°. $du.\ \sqrt{r^2 - t^2} \times \sqrt{t^2 - b^2} = tdt.\ \sqrt{r^2 + b^2 - t^2}$, 37°. $c\,x = r.\ \sqrt{t^2 - b^2}$, 38°. $cy = b.\sqrt{r^2 - t^2}$, 39°. $\frac{c^2\ r^4}{r^2 - t^2} = r^4 + b^2.\ cot^2.\ z$ ou $\frac{b^2\ r^4}{t^2} = r^2.sin^2.z + b^2.cos^2.z$, 40°. $r\,du.\sqrt{r^2 - x^2} = dx.\sqrt{r^4 - c^2\,x^2}$, 41°. $b\,du.\sqrt{b^2 - y^2} = dy.\sqrt{c^2\,y^2 + b^4}$, 42°. $du.\ (b^2 + tang^2.\ z)^{\frac{3}{2}} = (b^4 + r^2.\ tang^2.\ z)^{\frac{1}{2}}.\ diff.\ tang.\ z$, 43°. $r\,y = b.\ \sqrt{r^2 - x^2}$, 44°. $x.\ tang.\ z = b.\ \sqrt{r^2 - x^2}$, 45°. $b\,y = tang.\ z.\ \sqrt{b^2 - y^2}$.

Quand le centre est pris pour origine des coordonnées, le symptôme de l'excentrique est que son cosinus égale x. Soit donc π l'arc de l'excentrique, le secteur elliptique aura pour expression $\frac{b\,\pi}{2}$, et π aura avec les dix coordonnées les relations suivantes :

1°. $bc.\ cos.\ \pi = r^2.\ \sqrt{b^2 - f^2}$, 2°. $ch.\ cos.\ \pi = r^2\sqrt{h^2 - b^2}$, 3°. $b\,k\,r^4 = (r^4 - c^2.\ cos^2.\ \pi)^{\frac{3}{2}}$, 4°. $tang.\ m.\ tang.\ \pi = b\,r$, 5°. $b\,r^2.\ cot.\ n = c^2.\ sin.\ \pi\ cos.\ \pi$ ou $2\,b\,r.\ cot.\ n = c^2.\ sin.\ 2\ \pi$, 6°. $c.\ sin.\ \pi = r.\ \sqrt{r^2 - t^2}$, 7°. $r^2\,du = d\,\pi.\ \sqrt{r^4 - c^2.\ cos^2.\ \pi}$, 8°. $x = cos.\ \pi$, 9°. $r\,y = b.\ sin.\ \pi$, 10°. $b.\ tang.\ \pi = r.\ tang.\ z$.

La septième équation est la formule la plus simple pour rectifier un arc d'ellipse : il faut élever à la puissance $\frac{1}{2}$ le binomé qui est sous le radical, et intégrer chaque terme. Ce calcul a été exécuté par Callet, dans ses *Tables de Logarithmes*, *édition de* 1795, *tome I*, *p.* 99.

ÉQUATIONS DE LA PARABOLE RELATIVEMENT AU FOYER.

1°. $f = -2h$, 2°. $f^3 = 4kr^2$, 3°. $f = -2\,cosec.\,m$, 4°. $f = 2\,cosec.\,n$, 5°. $f^2 = 4rt$, 6°. $f^2 df = 2r\,du.\sqrt{f^2 - 4r^2}$ ou $4ru = f.\sqrt{f^2 - 4r^2} + 4r^2.\,log.\,\frac{1}{2}(f + \sqrt{f^2 - 4r^2})$, 7°. $f^2 = 4rx + 8r^2$, 8°. $f^2 = y^2 + 4r^2$, 9°. $f = 2\,sec.\,\frac{1}{2}z$, 10°. $2h^3 = -kr^2$, 11°. $h = cosec.\,m$, 12°. $h = -cosec.\,n$, 13°. $h^2 = rt$, 14°. $2h^2 dh = r\,du.\sqrt{h^2 - r^2}$ ou $ru = -h.\sqrt{h^2 - r^2} + r^2.\,log.\,(h - \sqrt{h^2 - r^2})$, 15°. $h^2 = rx + 2r^2$, 16°. $4h^2 = y^2 + 4r^2$, 17°. $h = -sec.\,\frac{1}{2}z$, 18°. $kr^2 = -2\,cosec^3.\,m$, 19°. $kr^2 = 2\,cosec^3.\,n$, 20°. $k^2 r = 4t^3$, 21°. $2r\,dk = 3\,du.(-4r^2 + 2r\sqrt[3]{2k^2 r})^{\frac{1}{2}}$ ou $4ru = -\sqrt[3]{4kr^2}.(-4r^2 + 2r.\sqrt[3]{2k^2 r})^{\frac{1}{2}} + 4r^2.\,log.\,\frac{1}{2}(\sqrt[3]{4kr^2} - (-4r^2 + 2r\sqrt[3]{2k^2 r})^{\frac{1}{2}})$, 22°. $kr^2 = 2.(rx + 2r^2)^{\frac{3}{2}}$, 23°. $4kr^2 = (y^2 + 4r^2)^{\frac{3}{2}}$, 24°. $kr^2 = 2\,sec^3.\,\frac{1}{2}z$, 25°. $m + n = 180°$, 26°. $rt = cosec^2.\,m$, 27°. $r^3 du = 2\,cosec^3.\,m.\,dm$ ou $ru = -cot.\,m.\,cosec.\,m + r^2.\,log.\,tang.\,\frac{1}{2}m$, 28°. $rx + r^2 = cot^2.\,m$, 29°. $y = -2\,cot.\,m$, 30°. $2m - z = 180°$, 31°. $rt = cosec^2.\,n$, 32°. $r^3 du = 2\,cosec^3.\,n.\,dn$ ou $ru = -cot.\,n.\,cosec.\,n + r^2.\,log.\,tang.\,\frac{1}{2}n$, 33°. $rx + r^2 = cot^2.\,n$, 34°. $y = 2\,cot.\,n$, 35°. $2n + z = 180°$, 36°. $du.\sqrt{t - r} = dt.\sqrt{t}$ ou $u = \sqrt{t}.\sqrt{t - r} + r.\,log.\,(\sqrt{rt} + \sqrt{rt - r^2})$, 37°. $t = x + 2r$, 38°. $4rt = y^2 + 4r^2$, 39°. $rt = sec^2.\,\frac{1}{2}z$, 40°. $du.\sqrt{x + r} = dx.\sqrt{x + 2r}$ ou $u = \sqrt{x + r}.\sqrt{x + 2r} + r.\,log.\,(\sqrt{rx + r^2} + \sqrt{rx + 2r^2})$, 41°. $2r\,du = dy.\sqrt{y^2 + 4r^2}$ ou $4ru = y.\sqrt{y^2 + 4r^2} + 4r^2.\,log.\,\frac{1}{2}(y + \sqrt{y^2 + 4r^2})$, 42°. $r^3 du = sec^3.\,\frac{1}{2}z.\,dz$ ou $ru = tang.\,\frac{1}{2}z.\,sec.\,\frac{1}{2}z + r^2.\,log.\,cot.\,\frac{1}{2}\,compl.\,\frac{1}{2}z$, 43°. $4rx = y^2 - 4r^2$, 44°. $rx + r^2 = tang^2.\,\frac{1}{2}z$, 45°. $y = 2\,tang.\,\frac{1}{2}z$.

ABRÉGÉ

DU TRAITÉ DES COURBES ALGÉBRIQUES,

INSÉRÉ

DANS L'ENCYCLOPÉDIE D'YVERDUN.

On apelle courbes algébriques celles dont l'équation est algébrique, en prenant pour coordonnées des lignes droites qui fassent entre elles un angle constant. Elles se divisent en différens ordres relativement au degré de l'équation ordonnée à la fois par raport aux deux variables. L'origine et la position des coordonnées ne changent point le degré de l'équation, mais elles changent le nombre et la forme des termes. Les propriétés du point d'où partent les coordonnées, et la direction qu'elles suivent, décident donc des propriétés de l'équation : donc réciproquement, pour vérifier si une courbe est susceptible d'une propriété désignée, il ne faut qu'examiner si, par quelque transformation, l'équation de cette courbe peut prendre la forme qui est la suite et le symptôme de cette propriété.

Soit donc une courbe algébrique quelconque dont l'équation soit donnée en x et en y : pour généraliser cette équation, je substitue $u + r$ à x et $z + s$ à y, ce qui transporte l'origine des coordonnées à des distances indéterminées r et s des lignes des x et des y. Alors toutes les propriétés dont la courbe est susceptible se lisent sur la transformée en voyant toutes les formes que peuvent lui donner les relations différentes entre r et s. Nous allons parcourir les symptômes des différentes propriétés en suprimant pour abréger les démonstrations. On supose toujours la transformée ordonnée à la fois et conjointement par rapport à ses deux coordonnées u et z.

1°. Pour déterminer le centre d'une courbe, prenez dans sa transformée tous les termes de rang pair, à compter par le prémier, et dans ces termes suposez nulle séparément chaque partie affectée d'une combinaison différente de u et de z; les valeurs de r et de s que vous en tirerez indiqueront la position du centre. Ainsi, dans la courbe $x^2 + y^2 - a^2 = 0$, la transformée n'a pour terme de rang pair que $2ru + 2sz$; je fais donc séparément $2ru = 0$ et $2sz = 0$, d'où je tire $r = 0$ et $s = 0$; donc l'origine primitive des coordonnées est un centre. Dans les courbes de degré impair, le centre est sur le périmètre.

Si quelques unes des conditions qui donnent le centre tombent sur les quantités connues, la courbe n'a de centre qu'autant que ces quantités sont conditionnées ainsi : Dans la courbe $x^3 - ax^2 + b^2x - y^3 = 0$, les conditions du centre sont $r^3 - ar^2 + b^2r - s^3 = 0$, $3r - a = 0$, et $s = 0$, ce qui exige que $a = 0$, ou que $2a^2 = 9b^2$; donc la courbe n'a de centre que dans ces deux cas.

2°. Pour déterminer les points multiples d'une courbe, prenez dans sa transformée un nombre de derniers termes égal au degré de la multiplicité en question; et dans chacun de ces termes suposez nulle séparément chaque partie affectée d'une combinaison différente de u et de z, les valeurs de r et de s que vous en déduirez indiqueront les points cherchés. Ainsi, dans la courbe $x^3 - axy + y^3 = 0$, si je cherche quels sont les points doubles, j'ai $3r^2 - as = 0$, $3s^2 - ar = 0$, et $r^3 - ars + s^3 = 0$; cela ne peut être vrai à la fois que dans le cas où $r = 0$ et $s = 0$; donc c'est l'origine des coordonnées qui est un point double.

Si au contraire vous demandez quelle est la multiplicité d'un point donné, substituez dans la transformée les valeurs de r et de s qui le désignent, et comptez combien de derniers termes sont annulés par cette suposition. Ainsi pour la courbe $x^3 - axy + y^3 = 0$, la substitution de $r = 0$ et $s = 0$ dans la transformée ne détruit que les deux derniers termes ; donc le point n'est que double.

3°. Pour déterminer la tangente d'un point assigné, substituez dans la transformée les valeurs de r et de s qui le désignent, et dans la transformée ainsi préparée et réduite, égalez à zéro le dernier terme, la relation entre u et z que vous en tirerez sera le rapport du cosinus au sinus de l'inclinaison de la tangente sur la ligne des abscisses. Ainsi dans la courbe $x^3 - axy + y^3 = 0$, si je demande la tangente au point dont l'abscisse et l'ordonnée sont chacune égales à $\frac{a}{2}$, je substitue $\frac{a}{2}$ à r et à s dans la transformée, qui ensuite a pour dernier terme $a^2u + a^2z$; je fais donc $a^2 u + a^2 z = 0$, donc $u + z = 0$, donc $u : z :: 1 : -1$, donc la tangente de la courbe au point assigné est inclinée de 45° sur la ligne des abscisses. Si c'est au contraire $r = 0$ et $s = 0$, je trouve pour dernier terme $-auz$, donc $u = 0$ et $z = 0$, donc à l'origine des coordonnées la courbe a deux tangentes qui sont les lignes mêmes des coordonnées. Si le raport de u à z est donné par une racine multiple, la tangente est de la même multiplicité. La détermination des tangentes donne les soutangentes et les sounormales.

4°. Si plusieurs branches se coupent dans un point multiple ayant chacune leur tangente, il devient pénible de déterminer leur figure, parce que toutes ces branches sont données par l'équation unique de la proposée, qui a plusieurs racines. Pour faciliter la détermination de ces figures, on substitue à chaque branche une courbe simple qui ne consiste que dans une branche pareille, non pas superposée, mais de figure semblable et ayant la même tangente : cette courbe substituée s'appelle une directrice.

Pour déterminer la directrice d'une branche, soit h la multiplicité du point, et g la multiplicité de la tangente; égalez à zéro dans la transformée le terme du rang $h - g + 1$ à compter par le dernier; substituez dans cette équation à u et à z le raport qui construit la tangente, il ne restera qu'une relation en r, s, et constantes; ce sera l'équation à la directrice. Ainsi dans la courbe $5y^5 + ax^4 - a^2x^2y = 0$ sachant (n°. 2) que l'origine des coordonnées est un point triple, et que la ligne des abscisses (n°. 3) est une tangente simple à ce point; si je demande la directrice de la branche correspondante, j'ai $h = 3$ et $g = 1$, donc $h - g + 1 = 3$; j'égale donc à zéro le troisième terme de la transformée à compter par le dernier, ce qui me donne $50s^3z^2 + 6ar^2u^2 - 2a^2ruz - a^2su^2 = 0$, dans cette équation je fais $z = 0$ à cause de la position de la tangente, et il me reste $6r^2 - as = 0$: c'est l'équation à la directrice.

Si la tangente est multiple, il est à craindre que les racines de la directrice ne soient pas de même nature que celles de la proposée; mais nous n'aprofondirons pas ces détails.

5°. Pour déterminer tous les points simples où une courbe subit inflexion, égalez à zéro chacun des trois derniers termes de la transformée; ces termes ne renferment que trois indéterminées, savoir, r, s, et le raport de u à z, donc vous en tirerez des valeurs de r et de s; les points correspondans seront des points d'inflexion, s'ils sont (n°. 2) points simples, et si les valeurs de r, de s, et du raport de u à z détruisent consécutivement dans la transformée un nombre impair de termes en comptant par le dernier. Ainsi dans la courbe $ax^3 + by^3 + c^4 = 0$, les trois derniers termes de la transformée donnent $aru^2 + bsz^2 = 0$, $ar^2u + bs^2z = 0$, et $ar^3 + bs^3 + c^4 = 0$, de là on tire $r = 0$ avec $s = -\frac{c\sqrt[3]{c}}{\sqrt[3]{b}}$ et $s = 0$ avec $r = -\frac{c\sqrt[3]{c}}{\sqrt[3]{a}}$, aucun de ces deux points (n°. 2) n'est multiple, et les valeurs de leurs coordonnées ne détruisent que trois termes; donc ce sont deux points simples où la courbe subit inflexion.

Réciproquement, étant donné un point simple, pour vérifier si la courbe y subit inflexion, il faut dans la transformée substituer les valeurs de r et de s qui désignent ce point, et le raport de u à z qui construit sa tangente, et voir s'il se détruit un nombre impair de derniers termes.

Quant aux points multiples, il faut vérifier dans leur directrice s'ils subissent inflexion. Ainsi dans la courbe $y^4 - ax^3 + a^2xy - a^2x^2 = 0$, l'origine des coordonnées (n°. 2) est un point double; l'une des branches a pour tangente simple (n°. 3) la ligne des ordonnées, et pour directrice (n°. 4) la courbe $4s^3 + a^2r = 0$: cette courbe subit inflexion à l'origine des coordonnées; donc la branche de la proposée s'infléchit au même point.

6°. Pour déterminer tous les points simples d'une courbe dont l'ordonnée est soit un *maximum*, soit un *minimum*, égalez à zéro chacun des deux derniers termes de sa transformée, et faites $z = 0$; les valeurs de r et de s désigneront les points cherchés, si ces points désignés sont des points simples, et si les valeurs de leurs coordonnées détruisent consécutivement dans la transformée un nombre pair de termes, en comptant par le dernier. Ainsi dans la courbe $x^4 - a^3y + a^4 = 0$, les deux derniers termes de la transformée donnent $4r^3u - a^3z = 0$, et $r^4 - a^3s + a^4 = 0$; donc en faisant $z = 0$ on a $r = 0$, et ensuite $s = a$. Ces coordonnées désignent (n°. 2) un point simple, et leurs valeurs détruisent les quatre derniers termes de la transformée; donc ce point a une ordonnée qui est soit un *maximum*, soit un *minimum*.

Réciproquement étant donné un point simple dont la tangente est construite par $z = 0$, pour décider si son ordonnée est soit un *maximum*, soit un *minimum*, il faut compter s'il s'est évanoui un nombre pair de derniers termes.

Quant aux points multiples, il faut les discuter (n°. 4) dans leur directrice.

Remarquons que toute quantité variable peut être prise pour l'ordonnée d'une courbe.

7°. On apelle dernière direction d'un cours infini, celle dont aprochent continuellement les tangentes successives d'une branche infinie à mesure que les points s'éloignent de l'origine des coordonnées. Pour déterminer dans quelles directions une courbe a des cours infinis, suposez nul le premier terme de sa transformée, les raports de u à z que vous en tirerez désigneront ces directions. Ainsi dans la courbe $x^3 + xy^2 - ay^2 = 0$, le premier terme de la transformée donne $u^3 + uz^2 = 0$, ce qui ne fournit de raport réel que $u = 0$; donc la courbe n'a de cours infini réel que dans la direction de la ligne des ordonnées.

8°. De toutes les droites menées dans la dernière direction d'un cours infini, celle qui coupe la courbe en un point de moins que les autres s'apelle asymptote. Un cours infini se nomme hyperbolique ou parabolique, suivant qu'il a ou qu'il n'a pas d'asymptote. Pour déterminer les asymptotes d'un cours infini, s'il en a, ou vérifier qu'il n'en a pas, substituez dans la transformée le raport de u à z qui construit la dernière direction du cours, et ensuite égalez à zéro le premier terme que cette substitution n'aura pas détruit; l'équation en r, s, et constantes que vous en tirerez, construira les lignes droites qui sont asymptotes. Ainsi dans la courbe $xy^2 - 3\,axy - ay^2 + 2\,a^2x = 0$, un cours infini a pour dernière direction $z = 0$; le premier terme de la transformée non détruit par cette valeur est $s^2 - 3\,as + 2\,a^2$; donc les asymptotes sont données par l'équation $s^2 - 3\,as + 2\,a^2 = 0$, donc on en a deux, savoir $s = a$ et $s = 2\,a$. Si le premier terme non détruit ne contient ni r ni s, il s'ensuit que le cours n'a pas d'asymptote.

9°. Comme les différens cours infinis sont tous désignés à la fois par les racines de la proposée, il peut être pénible de les calculer. Pour faciliter ce calcul, on substitue à la proposée une courbe simple qui ne consiste que dans un cours infini semblable mené dans la même direction et ayant les mêmes asymptotes : cette courbe se nomme la déterminatrice.

Pour trouver celle d'un cours (n°. 8) hyperbolique, égalez à zéro le premier terme de la transformée non divisible par l'équation de l'asymptote. Ainsi dans la courbe $x^3 - ax^2 + a^2x - y^3 = 0$, le cours infini qui a pour dernière direction $u = z$ a pour asymptote $3r - 3s - a = 0$, qui ne divise point le terme suivant ; donc ce terme suivant fournit la déterminatrice, et donne pour son équation $3s^2 - 3r^2 + 2ar - a^2 = 0$.

Dans les cours paraboliques, observons d'abord qu'on apelle terme non réduit dans la transformée celui qui étant du rang g, à compter par le premier, contient la combinaison de r et de s au degré $g - 1$. Cela posé, pour trouver la déterminatrice d'un cours (n°, 8) parabolique, substituez à u et à z, dans la transformée, le raport qui désigne la dernière direction du cours, et ensuite égalez à zéro le premier terme non réduit. Ainsi dans la courbe $x^2y + ay^2 - a^2x = 0$, un cours infini a pour dernière direction $u = 0$; le premier terme de la transformée non détruit (n°, 8) par cette valeur de u est $+ az^2$ qui ne donne point d'asymptote ; donc le cours est parabolique. Le terme suivant devient $r^2z + 2asz$ qui, étant au troisième rang, contient r au second degré ; donc il est le premier non réduit, donc il fournit la déterminatrice, et donne pour son équation $r^2 + 2as = 0$.

Il est quelquefois à craindre que les racines de la déterminatrice ne soient pas de même nature que celles de la proposée ; mais nous n'aprofondirons pas ces détails.

USAGES DU TRIANGLE ANALYTIQUE.

1. Le triangle analytique, dont je supose la forme connue, donne la limite à laquelle tend la relation algébrique entre deux coordonnées,

1°.

1°. à mesure qu'elles croissent, et 2°. à mesure qu'elles décroissent. C'est un calcul analogue et parallèle au calcul différentiel. Il donne toutes les propriétés des courbes algébriques; mais il n'a point de prise sur les courbes transcendantes. Le calcul différentiel, au contraire, s'étend à toutes les courbes; mais il n'a point de prise sur la théorie des branches infinies, sur la méthode générale des asymptotes, sur les déterminatrices, etc. Nous allons exposer les propriétés principales des courbes algébriques qui sont données par le triangle analytique exclusivement au calcul différentiel.

2. Etant donnée l'équation d'une courbe algébrique, il faut la poser sur le triangle analytique, et en déduire toutes les déterminatrices tant supérieures qu'inférieures. Alors si une déterminatrice n'est supérieure que relativement à la bande sans $\frac{x}{y}$; sans pourtant lui être parallèle, elle indique et dirige des branches qui ont pour asymptote la ligne des $\frac{x}{y}$. Ainsi la courbe $xy^2 - a^2y - b^3 = 0$ mise sur le triangle analytique, présente $xy^2 - a^2y = 0$, ou $xy - a^2 = 0$ pour déterminatrice supérieure relativement à la bande sans y, donc la courbe a des branches infinies hyperboliques qui ont pour asymptote la ligne des y, et pour déterminatrice de leur cours l'hyperbole conique équilatère $xy - a^2 = 0$. De même la bande sans x a pour déterminatrice supérieure $xy^2 - b^3 = 0$, donc la courbe a des branches infinies hyperboliques qui ont pour asymptote la ligne des x, et pour déterminatrice de leur cours l'hyperbole cubique $xy^2 - b^3 = 0$.

3. Si une déterminatrice est parallèle à la bande sans $\frac{x}{y}$, elle indique des asymptotes parallèles à la ligne des $\frac{x}{y}$. Ainsi la courbe $xy^2 - ay^2 - 3axy + 2a^2x = 0$ a pour déterminatrice supérieure parallèle à la bande sans y l'équation $xy^2 - ay^2 = 0$, ou $x - a = 0$, donc la courbe a une asymptote parallèle à la ligne des y, et éloignée d'une distance a. La bande sans x a aussi une déterminatrice parallèle

$xy^2 - 3axy + 2a^2x = 0$, qui donne $y^2 - 3ay + 2a^2 = 0$, ou $y - a = 0$ et $y - 2a = 0$; donc la courbe a aussi deux asymptotes parallèles à la ligne des x et à des distances a et $2a$. Pour discuter les branches qui rampent autour de ces asymptotes, c'est-à-dire assigner leurs déterminatrices, il faut transporter l'origine des coordonnées sur un point de l'asymptote, ce qui fait retomber dans le cas précédent. En effet, après cette transformation l'asymptote devient ligne des x ou des y, donc la nouvelle équation a une déterminatrice supérieure qui dirige les branches hyperboliques correspondantes. Ainsi dans la courbe précédente, si je prends pour ligne des y l'asymptote qui en étoit éloignée d'une distance a, l'équation devient $xy^2 - 3axy - 3a^2y + 2a^2x + 2a^3 = 0$, qui, relativement à la bande sans y, a pour déterminatrice supérieure $xy^2 - 3a^2y = 0$, ou $xy - 3a^2 = 0$: c'est cette hyperbole qui dirige le cours.

4. Si une déterminatrice est supérieure relativement à chacune des bandes, et si elle fait avec la bande sans $\frac{x}{y}$ un angle $< 45°$, elle indique et dirige des branches paraboliques dans la direction de la ligne des $\frac{x}{y}$. Ainsi pour la courbe $x^2y^2 - ay^3 - bx^3 = 0$, l'équation $x^2y^2 - ay^3 = 0$, ou $x^2 - ay = 0$, est une déterminatrice supérieure relativement à chacune des deux bandes, et elle fait avec la ligne sans y un angle $< 45°$, donc elle indique et dirige des branches paraboliques dans la direction de la ligne des y.

5. Si une déterminatrice relativement à chacune des bandes fait un angle de 45°, elle indique dans quelles directions une courbe a des branches infinies. Ainsi pour la courbe $x^4 - x^2y^2 + a^4 = 0$, l'équation $x^4 - x^2y^2 = 0$ est une déterminatrice qui a cette condition; donc ses racines $x^2 = 0$, $x + y = 0$, et $x - y = 0$ indiquent que la courbe a des branches infinies dans la direction de la ligne des y et dans les deux directions qui lui sont inclinées de 45°.

Pour discuter les branches qui s'étendent dans chacune des

directions, il faut transformer successivement l'équation de manière que l'un des axes des coordonnées leur devienne parallèle ; ce qui fait retomber dans les cas précédens. Ainsi relativement aux branches dont la direction est parallèle à la ligne des y, comme l'équation est toute préparée, je vois qu'elles ont (n°. 2) pour déterminatrice l'équation $-x^2y^2+a^4=0$, ou $xy+a^2=0$ et $xy-a^2=0$, puisque cette déterminatrice n'est supérieure que relativement à la bande sans y.

6. Quant aux déterminatrices inférieures, si elles coupent inégalement les deux bandes, elles désignent la position des branches qui passent par l'origine, et qui ont l'un des axes pour tangente. Ainsi la courbe $x^6+ax^4-a^3y^2=0$ a pour déterminatrice inférieure $ax^4-a^3y^2=0$, ou $x^2+ay=0$, et $x^2-ay=0$; donc ce sont ces deux paraboles qui dirigent les branches qui passent par l'origine des coordonnées, et qui ont pour tangente l'axe des abscisses.

On voit de là que pour connoître la nature et la position des branches qui passent par un point assigné, il faut y transporter l'origine des coordonnées, et prendre successivement chacune de ses tangentes pour l'un des axes.

7. Si une déterminatrice, soit supérieure, soit inférieure, a quelque racine multiple, elle ne doit plus être regardée comme complète ; alors il faut à y substituer cette racine $+u$, et regarder la transformée en x et en u comme une proposée.

8. Un autre usage non moins curieux du triangle analytique, c'est celui de résoudre toute équation algébrique par une suite infinie. Etant donnée une équation algébrique en x et en y, pour en tirer la valeur de y en x par une série $\begin{smallmatrix}\text{ascendante}\\ \text{décroissante}\end{smallmatrix}$ il faut la mettre sur le triangle analytique couché sur la bande sans x, et en déduire une déterminatrice $\begin{smallmatrix}\text{inférieure}\\ \text{supérieure}\end{smallmatrix}$ qui ait une racine simple $y=Ax^h$. Dans la proposée il faut à y (abstraction faite des signes qui ne détruisent rien ici) substituer cette valeur ; ce qui donnera une transformée dont les

termes seront tous affectés de x élevée à différentes puissances. Je nomme m le plus $\substack{\text{petit}\\\text{grand}}$ exposant, $\substack{m+n\\m-n}$ l'exposant immédiatement plus $\substack{\text{grand}\\\text{petit}}$, $\substack{m+p\\m-p}$ le troisième, $\substack{m+q\\m-q}$ le quatrième, et ainsi de suite. Cela posé, pour avoir tous les exposans de la série il faut $\substack{\text{à } h \text{ ajouter}\\\text{de } h \text{ retrancher}}$ successivement chacun des multiples de n; $\substack{\text{à}\\\text{de}}$ chacun de ces termes il faut $\substack{\text{ajouter}\\\text{retrancher}}$ chacun des multiples de p; $\substack{\text{à}\\\text{de}}$ chacun des termes de ces deux suites on $\substack{\text{ajoutera}\\\text{retranchera}}$ chacun des multiples de q, et ainsi à l'infini. Après quoi il faut disposer ces nombres suivant le rang qu'ils tiennent dans la suite des nombres naturels. Quant aux coefficiens, on les trouve par la méthode des indéterminées.

9. Par exemple, si j'ai $6x^7 - 2x^5y^2 - a^3x^2y^2 + 4a^3x^3y + 2a^5x^2 - 3a^5xy + a^5y^2 = 0$, et si je demande la valeur de y en x par une série ascendante, je trouve pour déterminatrice inférieure $a^5y^2 - 3a^5xy + 2a^5x^2 = 0$, ou $y = x$ et $y = 2x$. La première valeur donne $A = h = 1$; par la substitution la proposée devient $6x^7 - 2x^7 - a^3x^4 + 4a^3x^4 + 2a^5x^2 - 3a^5x^2 + a^5x^2 = 0$; donc $m = n = 2$ et $p = 5$; donc la première suite est 1, 3, 5, 7, 9, 11, etc., et la seconde est 1, 6, 11, 16, 21, 26, etc., + 3, 8, 13, 18, 23, 28, etc., + 5, 10, 15, 20, 25, 30, etc., + 7, 12, 17, 22, 27, 32, etc., + 9, 14, 19; 24, 29, 34, etc., + 11, 16, 21, 26, 31, 36, etc. Cela comprend tous les nombres naturels, excepté 2 et 4; donc la valeur de y est $y = ax + bx^3 + cx^5 + fx^6 + gx^7 +$ etc. Il ne reste plus qu'à calculer les coefficiens par la méthode des indéterminées.

10. Si la racine de la déterminatrice est multiple, il faut à y substituer cette racine $+ u$, et regarder la transformée en x et en u comme une proposée; et ainsi de suite jusqu'à ce que la déterminatrice ait une racine simple.

MÉMOIRE

SUR LES ÉCLIPSES DE SOLEIL.

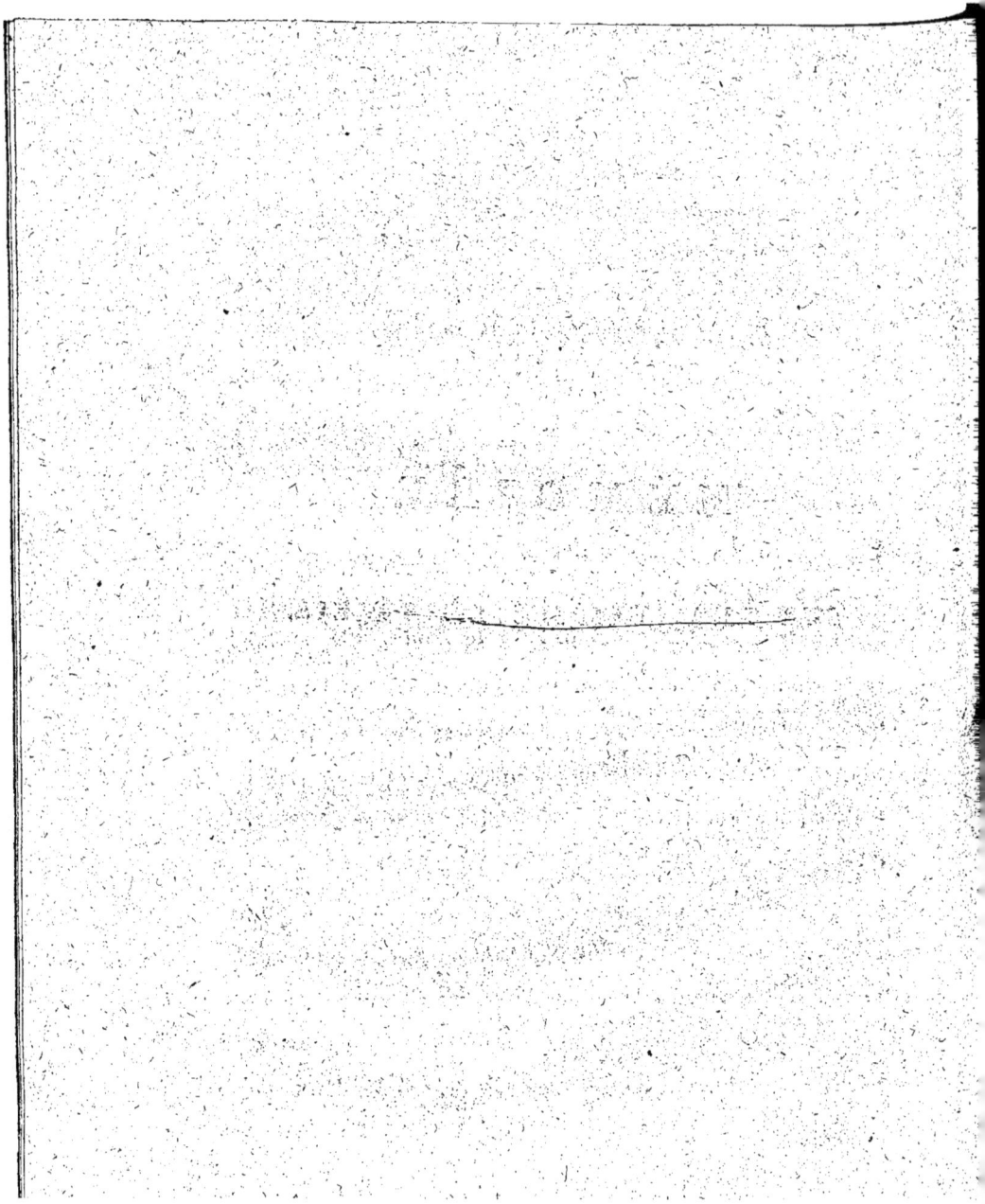

AVERTISSEMENT.

Le citoyen du Séjour a épuisé la théorie des éclipses de soleil, et même on peut assurer qu'il a excédé les bornes de la curiosité : toutes ses méthodes ont poussé l'exactitude jusqu'au scrupule ; elles ont atteint la perfection. Mais les lecteurs ne désirent pas tous d'épuiser cette matière ; les méthodes graphiques et trigonométriques sont connues depuis long-temps ; plusieurs lecteurs désirent de connoître les méthodes analytiques, mais pour les principaux problêmes seulement. J'ai remarqué que pour résoudre un problême astronomique il ne suffit pas de déterminer la relation entre les quantités qu'on a besoin de comparer, il faut examiner si l'équation est soluble, et si la solution est facile et praticable. J'ai donc choisi les problêmes qui réunissent ces conditions, et j'ai suprimé les autres.

Pour parvenir à mon but, j'ai tiré un grand parti de la hauteur du soleil sur l'horizon, et de son angle parallactique : ce sont deux variables dont le citoyen du Séjour n'a fait aucun usage. Ces variables ont simplifié singulièrement la solution des problêmes et la démonstration des solutions ; mais leur usage le plus essentiel a été de simplifier particulièrement la solution du problême le plus intéressant et le plus difficile sur les éclipses de soleil, celui où on supose connue la quotité de la plus grande phase, et où on demande pour quels points de la terre elle a lieu. Si on prend pour la quantité inconnue une partie quelconque du triangle sphérique qui passe par le soleil, par le pole boréal de l'équateur, et par le zénith du lieu qu'on a en vue, l'équation, quoique du second degré seulement, est très-compliquée, et la solution en est très-pénible. J'ai imaginé de prendre pour la quantité inconnue un angle fictif et purement analytique : la quotité de cet angle, à l'instant de la plus

plus grande phase, est liée par une proportion avec les quantités connues par les conditions du problême. Quand cette relation a dévoilé l'angle fictif, il donne à son tour, par une proportion bien simple, l'angle parallactique du soleil, et par une autre proportion pareille, la hauteur du soleil sur l'horizon. Pour rendre cette méthode familière, et mettre sa simplicité en évidence, j'ai multiplié les exemples.

Ce problême, où on supose connue la quotité de la plus grande phase, et que je résous aux n°s. 68 et 75, est tellement le but de mon travail, que j'aurois pu l'annoncer comme le seul sujet de mon Mémoire; mais il falloit qu'il fût précédé de toutes les propositions dont j'avois besoin pour démontrer la solution; et ces propositions n'étoient pas de simples lemmes géométriques; ce sont d'autres problêmes sur les éclipses de soleil dont la réunion forme un traité abrégé. Je désire que cette nouvelle solution d'un problême curieux attire l'attention des astronomes.

Ce Mémoire peut être considéré comme un dévelopement de la proposition de Volf, *tom. III*, *p.* 564, *n°.* 1099.

MÉMOIRE

SUR LES ÉCLIPSES DE SOLEIL.

CHAPITRE PREMIER.

NOTIONS PRÉLIMINAIRES.

1. Pour déterminer les circonstances d'une éclipse de soleil, on imagine au centre du soleil un observateur qui regarde la lune s'avançant sur son orbite, tandis que la terre fait sa révolution diurne ; et lorsque l'interposition de la lune lui cache un point de la surface de la terre, ce point éprouve une éclipse de soleil. Or, à cause de l'éloignement du soleil, l'hémisphère éclairé de la terre ne paroît au spectateur que comme un plan, et chacun des points de la surface, au lieu de décrire un cercle, lui paroît s'avancer sur l'ellipse qui en est la projection. Par la même raison, le mouvement de la lune lui paroît se faire dans ce même plan sur la ligne qui est la projection de sa véritable orbite. Pour calculer ces constructions,

2. Sur un plan quelconque qui me représente l'horizon absolu, c'est-à-dire le plan qui est perpendiculaire à l'écliptique, et qui sépare l'hémisphère obscur de la terre de l'hémisphère éclairé, je trace une droite *AO* que je regarde comme l'intersection de ce plan

avec l'écliptique. Sur cette droite je prends un point G que je regarde comme le lieu du centre de la terre pendant la durée de l'éclipse. Par ce point G je tire une droite GX qui me représente l'intersection du méridien universel avec le plan de projection : sur cette droite je prends une partie GX égale au rayon de la terre, ou à la différence des parallaxes horizontales de la lune et du soleil. Par le point G j'élève à la droite AO une perpendiculaire GL égale à la latitude de la lune au moment de la conjonction ; par le point L je tire une droite LT coupant le méridien universel en un point T, et représentant la projection de l'orbite du centre de la lune. Les trois angles du triangle GLT sont donnés pour chaque éclipse par les tables astronomiques. Enfin sur le même horizon absolu je trace ou je conçois tracée la projection du parallèle pour lequel je veux calculer. Cette projection représente la route de chaque point du parallèle pendant la durée de l'éclipse, tandis que la projection du centre de la lune s'avance sur la droite LT.

3. Dans l'éclipse du 1er. avril 1764, d'où je tirerai les exemples, le passage du centre de la lune par le méridien universel arrive à $11^h\ 12'\ 5''$ du matin, temps vrai à Paris ; l'inclinaison corrigée du méridien universel sur la projection de l'orbite aparente du centre de la lune est de $61^\circ\ 16'$; la déclinaison du soleil est de $4^\circ\ 49'$ boréale croissante.

4. De même que la différence des parallaxes horizontales de la lune et du soleil a été prise pour le rayon de la terre, je regarde la latitude de la lune et toute autre ligne dont j'ai besoin comme sinus ou tangente d'arc dans le même cercle, et je leur assigne pour valeurs numériques celles qui sont calculées dans les tables de sinus et de tangentes.

5. Dans l'éclipse du 1er. avril 1764, la partie GT du méridien universel a pour expression analytique *sin.* $57^\circ\ 29'\ 50''$; le mouvement horaire composé de la lune sur la projection de son orbite *sin.* $30^\circ\ 16'\ 30''$; le diamètre du soleil *sin.* $36^\circ\ 26'\ 30''$,

et la somme des demis diamètres du soleil et de la lune *sin.* 34°. 48′ 0″.

6. A chaque instant, la distance de la projection du centre de la lune à la projection du point de la terre qu'on a en vue désigne la quotité de la phase : le diamètre du soleil est à l'excès de la somme des demis diamètres du soleil et de la lune sur cette distance, comme 720′ sont au nombre de minutes de doigt éclipsées. La phase est australe ou boréale, suivant que la projection du point de la terre est plus proche ou plus éloignée que la projection du centre de la lune de la projection du pole boréal de l'équateur.

7. Soit *F* (*fig.* 2) la projection du point qu'on a en vue, *K* la projection actuelle du centre de la lune, *FM* une perpendiculaire au méridien universel *GX* : tirons une droite *FN* parallèlement à l'orbite de la lune, qui coupe le méridien universel en un point *N*; du point *K* abaissons sur le méridien une perpendiculaire qui le coupe en un point *H*, et par le point *F* menons une droite *FV* égale et parallèle à *MN*; soit *C* l'intersection des lignes *FV* et *KH*, et *R* l'intersection des lignes *FV* et *KT*; du même point *F* abaissons sur l'orbite de la lune une perpendiculaire qui la coupe en un point *D*, et du point *M* une autre perpendiculaire qui la coupe en un point *Q*, et la parallèle *FN* en un point *Z*; du point *G*, centre de la terre, menons les lignes *GF* et *GK* aux extrémités *F* et *K* de la distance des centres *FK*; soit *P* l'intersection des lignes *FG* et *LT*; du même point *G* abaissons sur l'orbite de la lune *LT* une perpendiculaire qui la coupe en un point *I*, et sa parallèle *FN* en un point *Y*.

8. Soit *a* l'angle constant *FRK* du méridien universel avec l'orbite de la lune, *u* l'angle *KFR* du méridien universel avec la ligne des centres, *z* l'angle *FKR* de la ligne des centres avec l'orbite de la lune, *f* l'angle *FGM* ou *GFV* de la ligne *FG* avec le méridien universel, c'est-à-dire l'angle parallactique du soleil ou l'angle de son vertical avec le cercle horaire, *s* l'angle *GFN* de la ligne *FG* avec l'orbite de la lune.

9. Soit g la déclinaison du soleil constante pendant l'éclipse, h son angle horaire, p sa hauteur sur l'horizon, l la latitude du lieu qu'on a en vue, t l'angle horaire du soleil particulier et constant au moment où la lune passe par le méridien universel, on aura $GFK = u + f$ et $FG = cos.\ p$. Sur les expressions de la ligne FG et de l'angle FGM, voyez *Volf*, tom. III, p. 564, n°. 1099.

10. Soit aussi r le sinus total et à la fois le rayon GX de la terre, ξ l'arc de 15° rectifié, ν le mouvement horaire composé de la lune, ϑ la partie GT du méridien universel, Λ la distance KT du centre de la lune à son passage par le méridien universel, Δ la distance des centres FK.

11. J'introduis deux angles analytiques φ et σ tels que $r.\ sin.\ \varphi = sin.\ \epsilon.\ cos.\ p$, et que $r.\ tang.\ \sigma = cos.\ \epsilon.\ cot.\ p$; ce qui donne $r.\ tang.\ \varphi = sin.\ \sigma.\ tang.\ \epsilon$ et $r.\ sin.\ p = cos.\ \sigma.\ cos.\ \varphi$. On a aussi $sin.\ p.\ tang.\ \epsilon = sin.\ \varphi.\ cot.\ \sigma$ et $cos.\ p.\ cos.\ \epsilon = sin.\ \sigma.\ cos.\ \varphi$.

12. Quand Δ égale la somme des demis diamètres du soleil et de la lune, l'éclipse commence ou finit; quand Δ est parvenu au *minimum*, la phase est la plus grande possible; quand $\Delta = 0$, la phase est centrale.

13. La suposition que je prends pour primitive est pour Δ que la phase soit australe, pour Λ que la lune ait passé le méridien universel, pour ϑ que la latitude de la lune, pour l'arc g que la déclinaison du soleil, et pour l'arc l que la latitude du lieu soient boréales, pour l'arc p que le soleil soit sur l'horizon.

14. La suposition primitive est pour l'angle a que la projection du centre de la lune, en décrivant la projection de l'orbite, s'aproche du pole boréal de l'équateur; pour l'angle z que le point K, lieu actuel de la projection du centre de la lune, soit plus oriental que le point D, extrémité de la perpendiculaire FD; pour les angles f et h, qu'ils soient comptés continuement depuis midi jusqu'au midi du lendemain.

15. Chaque angle croît progressivement depuis 0° jusqu'à 360°, en

passant successivement par tous les degrés intermédiaires. Depuis 0° jusqu'à 90°. inclusivement, le sinus et le cosinus sont positifs; depuis 90° jusqu'à 180°, le sinus est positif, et le cosinus négatif; depuis 180° jusqu'à 270°, le sinus et le cosinus sont négatifs; depuis 270°. jusqu'à 360°, le sinus est négatif, et le cosinus est positif.

Les tangentes et les cotangentes sont positives depuis 0° jusqu'à 90°, et depuis 180° jusqu'à 270°; elles sont négatives depuis 90° jusqu'à 180°, et depuis 270°. jusqu'à 360°.

16. Donc, pour connoître la valeur d'un angle, il faut savoir le signe du sinus et le signe du cosinus : si les conditions du problême ne déterminent que l'un des deux signes, l'angle a deux valeurs qui toutes deux satisfont à la question, et ces deux valeurs sont suplément l'une de l'autre.

17. Pour les arcs g, l, p, le cosinus est toujours positif; mais le sinus est positif si on est dans la suposition primitive, et négatif si on est dans la suposition contraire : pour les angles, la quotité des degrés règle les signes des sinus et des cosinus.

18. Toute équation est soluble relativement à un angle, quand elle ne contient que le sinus et le cosinus de cet angle élevés chacun au premier degré, et sans être multipliés l'un par l'autre.

19. Les relations trigonométriques entre f, g, h, l et p, sont :

1°. $r^2.\ sin.\ l = r.\ sin.\ g.\ sin.\ p + cos.\ f.\ cos.\ g.\ cos.\ p$,

2°. $r^2.\ sin.\ p = r.\ sin.\ g.\ sin.\ l + cos.\ g.\ cos.\ h.\ cos.\ l$,

3°. $cos.\ g.\ tang.\ l = sin.\ g.\ cos.\ h + sin.\ h.\ cot.\ f$,

4°. $cos.\ g.\ tang.\ p = sin.\ g.\ cos.\ f + sin.\ f.\ cot.\ h$,

5°. $sin.\ f.\ cos.\ p = sin.\ h.\ cos.\ l$,

J'égale les deux valeurs de $sin.\ p$ données par les deux premières équations, et j'ai

6°. $r.\ sin.\ l.\ cos.\ g = r.\ cos.\ f.\ cos.\ p + sin.\ g.\ cos.\ h.\ cos.\ l$.

J'égale les deux valeurs de $sin.\ l$, et j'ai

7°. $r.\ sin.\ p.\ cos.\ g = r.\ cos.\ h.\ cos.\ l + sin.\ g.\ cos.\ f.\ cos.\ p$.

Remarquons que quand les arcs g et l sont constans, on a

8°. $r^3 df = cos. f. cos. g. tang. p. dh - r^2. sin. g. dh$,

9°. $r. sin. f. df = r. tang. g. dp - cos. f. tang. p. dp$.

10. $sin. f. dh + sec. g. dp = 0$.

20. Quand on dresse un dispositif, la loi de continuité avertit si l'angle f ou h est aigu ou obtus; mais quand il s'agit d'un exemple isolé, la prudence exige (n°. 16) qu'on détermine séparément *sin. f* ou *sin. h* par la cinquième équation du n°. 19, et *cos. f* ou *cos. h* par la sixième ou par la septième.

21. Prob. Déterminer la relation entre les angles a, u, et z.

Sol. Ces trois angles apartiennent (n°. 8) au même triangle *FKR*; donc on a $a + u + z = 180°$.

22. Prob. Déterminer la relation entre les angles a, f, et ϵ.

Sol. L'angle *FNM* est extérieur au triangle *FGN*; donc $a = f + \epsilon$.

23. Coroll. Donc $f + \epsilon + u + z = 180°$.

24. Scholie. Il faut augmenter l'angle a de 360° quand cela est nécessaire pour satisfaire à l'équation $f = a - \epsilon$.

25. Prob. Déterminer la relation entre h et Λ.

Sol. On a $\xi : \mathrm{H} :: h - t : \Lambda$; donc $\Lambda = \frac{\mathrm{H}}{\xi}. (h - t)$.

26. Théorème. Etant donnée une relation entre x, y, et d'autres quantités, la solution du problême est la même, soit que je supose x constante, et que je cherche le *maximum* ou le *minimum* de y, soit que je supose y constant, et que je cherche le *maximum* ou le *minimum* de x, parce que dans les deux cas j'ai également et à la fois $dx = 0$ et $dy = 0$.

CHAPITRE II.

CHAPITRE II.

DE LA RELATION ENTRE LES CINQ VARIABLES f, p, u, Λ, Δ, A UN INSTANT QUELCONQUE, PENDANT LA DURÉE DE L'ÉCLIPSE.

27. Prob. Déterminer la relation entre f, p, u, Λ, Δ.

Sol. 1°. Le triangle CFK donne $r.\ KC = \Delta.\ sin.\ u$; le triangle HKT donne $r.\ KH = \Lambda.\ sin.\ a$; le triangle FGM donne $r.\ FM = sin.\ f.\ cos.\ p$; donc $\Delta.\ sin.\ u = \Lambda.\ sin.\ a - sin.\ f.\ cos.\ p$.

2°. Le triangle CFK donne $r.\ CF = r.\ HM = \Delta.\ cos.\ u$; le triangle HKT donne $r.\ HT = \Lambda.\ cos.\ a$; le triangle FGM donne $r,\ GM = cos.\ f.\ cos.\ p$; donc $\Delta.\ cos.\ u = cos.\ f.\ cos.\ p - \Lambda\ cos.\ a - r\text{♌}$.

3°. Le triangle DFK donne $r.\ DK = \Delta.\ cos.\ z$; le triangle GIT donne $r.\ IT = \text{♌}.\ cos.\ a$; le triangle FGY donne $r.\ FY = cos.\ p.\ cos.\ \iota$; donc $\Delta.\ cos.\ z = r\Lambda + \text{♌}.\ cos.\ a - cos.\ p.\ cos.\ \iota$.

28. Prob. Déterminer la relation entre les mêmes variables, en excluant Λ.

Sol. Le triangle FKP donne $FP.\ sin.\ \iota = \Delta.\ sin.\ z$; le triangle GPT donne $GP.\ sin.\ \iota = \text{♌}.\ sin.\ a$; donc $\Delta.\ sin.\ z = sin.\ \iota.\ cos.\ p - \text{♌}.\ sin.\ a$.

29. Scholie. Puisque (n°. 11) $r.\ sin.\ \varphi = sin.\ \iota.\ cos.\ p$, on peut dire également que $r.\ sin.\ \varphi = \text{♌}.\ sin.\ a + \Delta.\ sin.\ z$; donc φ doit être traité comme constant lorsque z et Δ sont constans à la fois, ou lorsque (n°. 26) l'un étant constant, on cherche le *maximum* ou le *minimum* de l'autre.

30. Exemple. Dans l'éclipse du 1er. avril 1764, je supose que pour un lieu inconnu et à un instant inconnu, la hauteur du soleil sur l'horizon soit de 17° 23′ 40″; que la phase actuelle soit de 5doigts 51′ *b*, et que la ligne des centres soit perpendiculaire à l'orbite de la lune, et je demande la latitude et la longitude de ce lieu.

Sol. Les conditions du problême donnent $p = 17° 23' 40''$, $z = 90°$, et (n°. 6) $\text{A} = -\,sin.\ 16° 18' 20''$, donc (n°. 29) $\varphi = 27° 18' 20''$, donc $\iota = 28° 44' 0''$, et (n°. 22) $f = 32° 32' 0''$. De là je tire (n°. 19, 1°. et 5°) $l = 55° 46' 10''$ *b*, et $h = 65° 49' 40''$, ou $h = 4^h 23' 18'' 40'''$ s. La troisième équation du n°. 27 me donne $\text{A} = sin.\ 25° 33' 10''$. Pour décrire A la lune (n°. 5) relativement à son mouvement horaire a employé $0^h 51' 20''$; donc (n°. 3) il étoit à Paris $0^h 3' 25''$ s, tandis que le lieu cherché comptoit $4^h 23' 18'' 40'''$; donc il étoit plus oriental que Paris de $4^h 19' 53'' 40'''$, ou de 65° 18′ 25″.

Donc le lieu cherché avoit une latitude boréale de 55° 46′ 10″, avec une longitude orientale de 65° 18′ 25″, et il comptoit $4^h 23' 18'' 40'''$ du soir.

On a aussi (n°. 16) $\iota = 151° 16' 0''$, et (n°. 22) $f = 270°$; ce qui donne $sin.\ f = -r$ et $cos.\ f = 0$; donc $l = 1° 26' 18''$ *b*, et $h = -72° 39' 50''$, ou $h = 7^h 9' 21''$ m. La troisième équation du n°. 27 me donne $\text{A} = -\,tang.\ 83° 28' 45''$; le signe négatif de A m'avertit (n°. 13) que la lune n'avoit pas encore atteint le méridien universel. Pour décrire A, il falloit à la lune $2^h 27' 50''$; donc il étoit à Paris $8^h 44' 15''$ m., tandis que le second lieu cherché comptoit $7^h 9' 21''$ m.; donc ce lieu étoit plus occidental que Paris de $1^h 34' 54''$, ou de 23° 43′ 30″.

Donc le second lieu cherché avoit une latitude boréale de 1° 26′ 18″, avec une longitude occidentale de 23° 43′ 30″, et il comptoit $7^h 9' 21''$ du matin.

31. Prob. De tous les lieux qui voient la même phase avec la même inclinaison de la ligne des centres, à différentes heures

respectives, déterminer celui qui voit le soleil à la plus grande hauteur sur l'horizon.

Sol. Puisque z et Δ sont donnés, φ (n°. 29) est constant; donc dans l'équation $r.\ sin\ \varphi = sin.\ \varepsilon.\ cos.\ p$, on a $cos.\ p$ en raison inverse de $sin.\ \varepsilon$; donc $cos.\ p$ est le plus petit possible quand $sin.\ \varepsilon = r$.

Donc les symptômes de la solution sont $\varepsilon = 90°$, $p = comp.\ \varphi$, et $\sigma = 0$.

32. Exemple. On demande le lieu qui a vu le soleil sur l'horizon à la plus grande hauteur dans les supositions du n°. 30, sur z et sur Δ.

Sol. Puisqu'on avoit $\varphi = 27° 18' 20''$, cette hauteur étoit $p = 62° 41' 40''$; le symptôme $\varepsilon = 90°$ donne (n°. 22) $f = 331° 16' 0''$, $l = 28° 23' 20''\ b$, $h = -14° 31' 0''$, ou $h = 11^h 1' 56''$ m., $\Lambda = -sin.\ 23° 55' 6''$. Pour décrire Λ, il falloit à la lune $0^h 48' 15''$; donc il étoit à Paris $10^h 23' 50''$ m., tandis que le lieu cherché comptoit $11^h 1' 56''$ m.; donc ce lieu étoit plus oriental que Paris de $0^h 38' 6''$, ou de $9° 31' 30''$.

Donc le lieu demandé avoit une latitude boréale de $28° 23' 20''$, avec une longitude orientale de $9° 31' 30''$: il comptoit $11^h 1' 56''$ du matin, et il voyoit le soleil sur l'horizon à la hauteur de $62° 41' 40''$.

33. Récapitulation. Avec ces méthodes je peux dresser un dispositif des points de la terre qui voient la phase de $5^{doigts} 51'\ b$, avec la condition que la ligne des centres soit perpendiculaire à l'orbite de la lune. Je remarque d'abord que pour chacun de ces points, j'ai (n°. 30) $\varphi = 27° 18' 20''$; je donne à p des valeurs successives et arbitraires, en commençant par $p = 0°$, ou $\sigma = 90°$, ou $\varepsilon = \varphi$, et en observant de ne pas excéder $p = comp.\ \varphi$, parce qu'une hauteur plus grande donneroit $sin.\ \varepsilon > r$. Chaque valeur de p me fournit (n°. 16) deux valeurs de ε qui sont complément l'une de l'autre, et chaque valeur de ε me fournit un angle horaire avec une latitude et une

longitude correspondantes. On peut donner à z toute autre valeur que 90°, et dresser un autre dispositif :

Hauteurs.	Heures.	Latitudes.	Longitudes.
0° 0′ 0″....	6h 0′ 29″m.....	1° 25′ 20″a....	39° 23′ 15″ occ.
8 49 30	6 35 32	0 19 3 ½....	31 2 0
17 23 40	7 9 21	1 26 18 b....	23 43 30
45 0 0	9 1 39	11 37 20	4 32 0
62 41 40	11 1 56	28 23 20	9 31 30 or.
45 0 0	1 24 5 s.....	45 31 0	29 3 15
17 23 40	4 23 19	55 46 10	65 18 25
8 49 30	5 25 10	56 24 20	79 17 30
0 0 0	6 28 28	55 44 20	94 43 15

34. Remarque. Quand $\Delta = 0$, la phase (n°. 12) est centrale : si on veut dresser un dispositif pour cette valeur particulière de Δ, la méthode est la même que pour toute autre valeur ; c'est le cas où $r.\ sin.\ \varphi = \delta\!\!\!\!\lambda.\ sin.\ a.$ Je donne à p des valeurs successives et arbitraires, en commençant par $p = 0°$; la première équation du n°. 11 me fournit ε, et conséquemment f ; je tire l de la première équation du n°. 19, et h de la cinquième ; enfin λ m'est donné par la première équation du n°. 27.

PHASE CENTRALE DE 11doigts 32′, LE 1er. AVRIL 1764.

Hauteurs.	Heures.	Latitudes.	Longitudes.
0° 0′ 0″....	5h 53′ 24″m.....	18° 53′ 15″b....	47° 34′ 45″ occ.
10 0 0	6 35 34	20 26 20	37 43 0
20 0 0	7 19 9	23 20 50	28 55 15
30 0 0	8 6 26	28 10 53	20 56 30
40 0 0	9 12 54	37 11 10	11 47 15
42 18 35	10 0 5	44 38 36	5 56 15

Hauteurs.	Heures.	Latitudes.	Longitudes.
40° 0 0	10^h 50 43	52° 44 16	0° 46 30 or.
30 0 0	12 21 18 s.	64 41 42	15 57 30
20 0 0	2 0 41	72 17 30	36 57 45
10 0 0	4 27 3	76 28 50	71 26 15
0 0 0	7 17 26	75 36 35	113 22 15

35. Prob. Déterminer la relation entre les mêmes variables qu'au n°. 27, en excluant Δ.

Sol. 1°. Eliminons Δ avec l'équation du n°. 28, et la première équation du n°. 27, nous trouverons $sin.\ a.\ (♌.\ sin.\ u + \text{A}.\ sin.\ z) = cos.\ p.\ (sin.\ f.\ sin.\ z + sin.\ u.\ sin.\ \epsilon)$; donc (*trig.*) $♌.\ sin.\ u + \text{A}.\ sin.\ z = cos.\ p.\ sin.\ (f + u)$, ou (n°. 23) $♌.\ sin.\ u + \text{A}.\ sin.\ z = cos.\ p.\ sin.\ (\epsilon + z)$.

2°. Eliminons Δ avec les deux premières équations du n°. 27, nous trouverons $cot.\ u.\ (\text{A}.\ sin.\ a - sin.\ f.\ cos.\ p) = r.\ (cos.\ f.\ cos.\ p - \text{A}.\ cos.\ a - r♌)$.

3°. Eliminons Δ avec l'équation du n°. 28, et la troisième équation du n°. 27, nous trouverons $cot.\ z.\ (sin.\ \epsilon.\ cos.\ p - ♌.\ sin.\ a) = r.\ (r\,\text{A} + ♌.\ cos.\ a - cos.\ p.\ cos.\ \epsilon)$.

36. Scholie. Je supose que pour un lieu assigné, on demande la phase actuelle à un instant quelconque pendant la durée de l'éclipse. Puisque je connois h et l, je tire p de la seconde équation du n°. 19, et f de la cinquième; la longitude du lieu (n°. 25) me donne A; donc je peux tirer u de la seconde équation du n°. 35, et Δ de la première équation du n°. 27.

37. Prob. Déterminer la relation entre les mêmes variables, en excluant p.

Sol. 1°. Eliminons $cos.\ p$ avec l'équation du n°. 28, et la première équation du n°. 27, nous trouverons $sin.\ a.\ (\text{A}.\ sin.\ \epsilon - ♌.\ sin.\ f) = \Delta.\ (sin.\ f.\ sin.\ z + sin.\ u.\ sin.\ \epsilon)$; donc (*trig.*) $\text{A}.\ sin.\ \epsilon - ♌.\ sin.\ f = \Delta.\ sin.\ (f + u)$, ou (n°. 23) $\Delta.\ sin.\ \epsilon - ♌.\ sin.\ f = \Delta.\ sin.\ (\epsilon + z)$.

2°. Eliminons $cos.\,p$ avec les deux premières équations du n°. 27, nous trouverons $cot.f.(\Lambda.\,sin.\,a - \Delta.\,sin.\,u) = r.(r\vartheta + \Lambda.\,cos.\,a + \Delta.\,cos.\,u)$.

3°. Eliminons $cos.\,p$ avec l'équation du n°. 28, et la troisième équation du n°. 27, nous trouverons $cot.\,\varepsilon.\,(\vartheta.\,sin.\,a + \Delta.\,sin.\,z) = r.(r\Lambda + \vartheta.\,cos.\,a - \Delta.\,cos.\,z)$.

38. PROB. Déterminer la relation entre les mêmes variables, en excluant f et ε.

SOL. 1°. Les deux premières équations du n°. 27 donnent $sin.f.\,cos.\,p = \Lambda.\,sin.\,a - \Delta.\,sin.\,u$, et $cos.\,f.\,cos.\,p = r\vartheta + \Lambda.\,cos.\,a + \Delta.\,cos.\,u$; donc $r^2.\,cos^2.\,p = (\Lambda.\,sin.\,a - \Delta.\,sin.\,u)^2 + (r\vartheta + \Lambda\,cos.\,a + \Delta.\,cos.\,u)^2$.

2°. L'équation du n°. 28, et la troisième équation du n°. 27 donnent $sin.\,\varepsilon.\,cos.\,p = \vartheta.\,sin.\,a + \Delta.\,sin.\,z$, et $cos.\,\varepsilon.\,cos.\,p = r\Lambda + \vartheta.\,cos.\,a - \Delta.\,cos.\,z$; donc $r^2.\,cos^2.\,p = (\vartheta.\,sin.\,a + \Delta.\,sin.\,z)^2 + (r\Lambda + \vartheta.\,cos.\,a - \Delta.\,cos.\,z)^2$.

39. PROB. Déterminer la relation entre les mêmes variables, en excluant u et z.

SOL. 1°. Les deux premières équations du n°. 27 donnent $\Delta.\,sin.\,u = \Lambda.\,sin.\,a - sin.f.\,cos.\,p$, et $\Delta.\,cos.\,u = cos.f.\,cos.\,p - \Lambda.\,cos.\,a - r\vartheta$; donc $r^2\Delta^2 = (\Lambda.\,sin.\,a - sin.f.\,cos.\,p)^2 + (cos.f.\,cos.\,p - \Lambda.\,cos.\,a - r\vartheta)^2$.

2°. L'équation du n°. 28, et la troisième équation du n°. 27 donnent $\Delta.\,sin.\,z = sin.\,\varepsilon.\,cos.\,p - \vartheta.\,sin.\,a$, et $\Delta.\,cos.\,z = r\Lambda + \vartheta.\,cos.\,a - cos.\,p.\,cos.\,\varepsilon$; donc $r^2\Delta^2 = (sin.\,\varepsilon.\,cos.\,p - \vartheta.\,sin.\,a)^2 + (r\Lambda + \vartheta.\,cos.\,a - cos.\,p.\,cos.\,\varepsilon)^2$.

CHAPITRE III.

DE LA RELATION ENTRE LES CINQ VARIABLES h, l, u, Λ, Δ.

40. Si on préfère les variables h et l aux variables f et p, on peut, dans chacune des équations précédentes, substituer à $sin. f. cos. p$, et à $cos. f. cos. p$ leurs valeurs prises de la cinquième et de la sixième équations du n°. 19: il suffit d'en donner quelques exemples. Par cette substitution, la première équation du n°. 11, la première et la seconde du n°. 27, et la seconde du n°. 35, donnent

1°. $cos. l. (r. sin. h. cos. a + sin. a. sin. g. cos. h) = r. sin. a. sin. l. cos. g - r^3. sin. \varphi$,

2°. $\Delta. sin. u = \Lambda. sin. a - sin. h. cos. l$,

3°. $r\Delta. cos. u = r. sin. l. cos. g - sin. g. cos. h. cos. l - r\Lambda. cos. a - r^2$ ♌,

4°. $cot. u. (\Lambda. sin. a - sin. h. cos. l) = r. sin. l. cos. g - sin. g. cos. h. cos. l - r\Lambda. cos. a - r^2$ ♌.

41. Si je veux résoudre (n°. 18) relativement à l la première équation du n°. 40, je peux dire 1°. $r : sin. g :: tang. a : tang. A$, 2° $sin. A : sin. (A + h) :: tang. g : tang. B$, 3° $cos. g : cos. B :: r. sin. \varphi : sin. a. sin. (l - B)$.

Dans l'éclipse du 1er. avril 1764, on avoit $A = 8° 42' 30''$.

Quand on a à la fois $z = 90°$ et $h = comp. A$, la troisième proportion se réduit à l'équation $l - B = \varphi$.

42. La première équation du n°. 40 peut fournir le même

dispositif qu'au n°. 33. Je détermine d'abord les angles horaires qui ont lieu sur ce dispositif au lever et au coucher du soleil, en observant que les tangentes de ces deux angles horaires ont pour expressions $-\frac{r}{sin.\ g}.\ tang.\ (a \pm \varphi)$. Je choisis les autres heures arbitrairement, et la troisième proportion du n°. 41 me donne la latitude correspondante à chaque heure; ensuite la seconde équation du n°. 40 me donne Λ, et conséquemment la longitude du lieu.

Puisque le problême du n°. 34 est un cas particulier du précédent, je peux le résoudre par la même méthode; il ne s'agit que de faire $\Delta = 0$ dans les valeurs de φ et de Λ, ce qui donne $r.\ sin.\ \varphi = \delta.\ sin.\ a$ et $\Lambda.\ sin.\ a = sin.\ h.\ cos.\ l$. On voit aussi qu'alors la troisième proportion du n°. 41 devient $cos.\ g : cos.\ B :: \delta : sin.\ (l - B)$.

43. Quant au problême du n°. 36, si je veux le résoudre indépendamment des variables f et p, je tire la valeur de u de la quatrième équation du n°. 40, ~~ensuite Λ m'est donné par la~~ seconde équation.

PHASES SUCCESSIVES A PARIS, LE 1er. AVRIL 1764.

Heures.			Phases.	
9h	11′	20″ m.	contact.	
9	40	0	3doigts	50′ b.
10	10	0	7	44
10	40	0	11	8
11	12	5	7	28
11	40	0	4	3
12	13	9 s.	contact.	

44. Prob. De tous les lieux qui voient, à différentes heures respectives, la même phase actuelle avec la même inclinaison de la ligne des centres, déterminer celui qui a la plus grande ou la plus petite latitude, ou réciproquement (n°. 26) de tous les lieux qui ont

ont la même latitude avec la même inclinaison de la ligne des centres, déterminer celui qui voit la plus grande ou la plus petite phase.

Sol. Je différencie (n°. 26) la première équation du n°. 40, relativement à h seulement, et je trouve $r.\ cot.\ h = sin.\ g.\ tang.\ a$, ou (n°. 41) $h = comp.\ A$.

Dans ce cas, la seconde proportion du n°. 41 devient $sin.\ A : r :: tang.\ g : tang.\ B$; la valeur correspondante de σ est contenue dans l'équation $r.\ tang.\ \sigma = cos.\ a.\ cot.\ g$. La valeur de ε seroit donnée (n°. 11) par l'équation $r.\ cot.\ \varepsilon = sin.\ \sigma.\ cot.\ \varphi$.

Dans l'éclipse du 1er. avril 1764, cette valeur particulière de σ est 80° 3′ 30″.

45. De tous les lieux qui voient la même phase avec la même inclinaison de la ligne des centres, déterminer celui qui a le plus grand ou le plus petit angle horaire, ou réciproquement (n°. 26) de tous les lieux qui ont le même angle horaire avec la même inclinaison de la ligne des centres, déterminer celui qui voit la plus grande ou la plus petite phase.

Sol. Je différencie (n°. 26) la première équation du n°. 40, relativement à l seulement, et je trouve $sin.\ h.\ cot.\ a + sin.\ g.\ cos.\ h = - cos.\ g.\ cot.\ l$; dans l'équation non différenciée, je substitue $- cos.\ g.\ cot.\ l$ à $sin.\ h.\ cot.\ a + sin.\ g.\ cos.\ h$, et j'ai $sin.\ \varphi : sin.\ a :: cos.\ g : sin.\ l$.

46. Prob. De tous les lieux qui voient la même phase, et à la même heure respective, déterminer celui qui a la plus grande ou la plus petite latitude, ou réciproquement (n°. 26) de tous les lieux qui voient la même phase sous le même parallèle, déterminer celui qui a le plus grand ou le plus petit angle horaire.

Sol. Différenciez (n°. 26) la première équation du n°. 40, relativement à φ seulement, et φ lui-même relativement à z, vous en tirerez

13

d'abord *cos.* φ. $d\varphi = 0$, et ensuite Δ. *cos.* *z.* $dz = 0$: donc le symptôme de la solution est *cos.* $z = 0$, ou $z = 90°$ et $u =$ *comp. a.* Portez (n°. 29) cette valeur de z dans l'expression de φ, l'équation non différenciée vous fournira (n°. 18) l dans le premier cas, et h dans le second. Dans les deux cas, la seconde équation du n°. 40 donnera Λ.

CHAPITRE IV.

DE LA RELATION ENTRE LES VARIABLES, A L'INSTANT DE LA PLUS GRANDE PHASE, PAR COMPARAISON AUX AUTRES PHASES DU MÊME LIEU.

47. DANS le dispositif du n°. 33, z et Δ sont constans, parce que nous comparions plusieurs lieux sous différentes latitudes qui voient la même phase avec la même inclinaison de la ligne des centres à leurs heures respectives : dans la théorie actuelle, z et Δ sont variables, parce que nous comparons leurs valeurs successives pendant la durée de l'éclipse relativement à un même lieu.

48. PROB. Déterminer la relation entre h, l et u, ou z, à l'instant de la plus grande phase, dans un lieu assigné.

SOL. Puisque $KF^2 = CF^2 + KC^2$, on a $KF.d.KF = CF.d.CF + KC.d.KC$; donc le symptôme du *minimum* de KF est $CF.d.CF + KC.d.KC = 0$; mais $r.CF = KC.\cot.u$, donc $r.d.KC + \cot.u.d.CF = 0$. Différencions, relativement à h et à Λ, les expressions analytiques de KC et de CF données par la seconde et par la troisième équations du n°. 40, nous aurons $r^2.d.KC = r.\sin.a.d\Lambda - \cos.l.\cos.h.dh$ et $r^3.d.CF = \sin.g.\cos.l.\sin.h.dh - r^2.\cos.a.d\Lambda$; donc $r^3.\sin.a.d\Lambda - r^2.\cos.l.\cos.h.dh + \sin.g.\cos.l.\cot.u.\sin.h.dh - r^2.\cos.a.\cot.u.d\Lambda = 0$.

A $r.\sin.a - \cos.a.\cot.u$, coefficient de $r^2 d\Lambda$, substituons (n°. 21) $\frac{r^2.\cos.z}{\sin.u}$, nous aurons $r^3.\cos.z.d\Lambda - r.\sin.u.\cos.l.\cos.h.dh +$

$sin. g. cos. l. cos. u. sin. h. dh = 0$; l'équation (n°. 25) $\Lambda \xi = hn - tn$ donne $\xi d\Lambda = n dh$; donc $r^3 n. cos. z = \xi. cos. l. (r. sin. u. cos. h - sin. g. sin. h. cos. u)$.

49. Si on élimine z (n°. 21), on trouve $tang. u. (rn. sin. a - \xi. cos. h. cos. l) = r^2 n. cos. a - \xi. sin. g. sin. h. cos. l$: si on élimine u, on trouve $cot. z. (r^4 n - r \xi. sin. a. cos. h. cos. l - \xi. sin. g. sin. h. cos. a. cos. l) = r. \xi. cos. l. (r. cos. a. cos. h - sin. a. sin. g. sin. h)$.

50. Dans un dispositif tel que celui du n°. 33, la phase désignée est vue comme phase actuelle par tous les lieux que le calcul a déterminés; mais elle n'y est pas vue comme plus grande phase. Cependant il faut excepter les lieux pour qui les angles h et z ont avec l'arc l la relation que nous venons de trouver. Pour ces lieux particuliers, la phase donnée est véritablement une plus grande phase : ce sont ces lieux qu'il s'agira de discerner sur chaque dispositif.

51. Quand $z = 90°$, on a $cot. z = 0$, et la seconde équation du n°. 49 donne $r. cot. h = sin. g. tang. a$, ou (n°. 44) $h = comp. A$: donc alors le symptôme de la plus grande phase ne dépend que de h, et non pas d'une relation entre h et l. La valeur de l correspondante est donnée (n°. 41) par l'équation $l - B = \varphi$.

Ainsi, sur le dispositif du n°. 33, la phase donnée de $5^{doigts}\ 51'$ b., est une plus grande phase pour le lieu qui a une latitude boréale de 56° 24′ 20″, avec une longitude orientale de 79° 17′ 30″, parce que ce lieu compte $5^h\ 25'\ 10''$ du soir. Le lieu qui compte $5^h\ 25'\ 10''$ du matin est situé sur l'hémisphère obscur.

52. Prob. Etant données h et l à l'instant de la plus grande phase, déterminer Δ et Λ.

Sol. 1°. D'une équation du n°. 49, tirez u ou z; 2°. de la première équation du n°. 40, tirez φ, et (n°. 29) conséquemment Δ; 3°. de la seconde équation du n°. 40 tirez Λ.

53. Exemple. Dans l'éclipse du 1er. avril 1764, je conçois que chaque point du parallèle boréal de 48° 50′ 10″ voit sa plus grande phase respective d'une quotité différente, et à des heures différentes.

Je passe donc en revue les angles horaires successifs, depuis celui qui répond au lever du soleil sous le parallèle boréal de 48° 50′ 10″, jusqu'à celui qui répond au coucher du soleil ; je détermine la valeur de Δ qui répond à chacun de ces angles, et ensuite la valeur de λ qui équivaut à la longitude. Par cette méthode, je construis le dispositif suivant :

PLUS GRANDES PHASES SOUS LE PARALLÈLE BORÉAL DE 48° 50′ 10″, LE 1er. AVRIL 1764.

Heures.			Phases.		Longitudes.			
5h	37′	52″ m.	6doigts	43′ a.	65°	15′	0″	occ.
6	0	0	6	47	59	41	0	
7	0	0	7	15	45	20	30	
8	0	0	8	7	32	1	15	
9	0	0	9	19	19	31	15	
10	0	0	10	49	7	37	45	
10	26	0	11	32 c	2	37	0	
10	40	0	11	8 b	0	0	0	
11	0	0	10	33	3	5	30	or.
12	0	0	8	50	14	11	45	
1	0	0 s.	7	11	25	58	45	
2	0	0	5	45	36	53	45	
3	0	0	4	37	48	0	30	
4	0	0	3	50	59	39	0	
5	0	0	3	27	72	10	0	
5	25	10	3	25	77	45	0	
6	0	0	3	29	85	50	0	
6	22	8	3	36	91	19	30	

54. PROB. Déterminer la relation entre p, f ou ι, et u ou z, quand Δ est un *minimum*.

Sol. Dans l'équation du n°. 48, substituons à $sin.\ h.\ cos.\ l$ et à $cos.\ h.\ cos.\ l$ leurs valeurs données par la cinquième et par la septième équations du n°. 19, nous trouverons $r^2 n.\ cos.\ z = \xi.\ sin.\ p.\ sin.\ u.\ cos.\ g - \xi.\ sin.\ g.\ cos.\ p.\ sin.\ (f + u)$, ou (n°. 23); $r^2 n.\ cos.\ z = \xi.\ sin.\ p.\ sin.\ u.\ cos.\ g - \xi.\ sin.\ g.\ cos.\ p.\ sin.\ (\iota + z)$.

Quand deux de ces variables ont déterminé la troisième, alors l'équation du n°. 28 fournit Δ, qui devient un *minimum*.

55. Faisons les mêmes substitutions dans les équations du n°. 49, nous aurons $cot.\ u.\ (r^2 n.\ cos.\ a - \xi.\ sin.\ f.\ sin.\ g.\ cos.\ p) = r.\ (r^2 n.\ sin.\ a + \xi.\ sin.\ g.\ cos.\ f.\ cos.\ p - r\xi.\ sin.\ p.\ cos.\ g)$, et $cot.\ z.\ (r^3 n - \xi.\ sin.\ a.\ sin.\ p.\ cos.\ g + \xi.\ sin.\ g.\ sin.\ \iota.\ cos.\ p) = r\xi.\ (sin.\ p.\ cos.\ a.\ cos.\ g - sin.\ g.\ cos.\ p.\ cos.\ \iota)$.

56. Quand $z = 90°$, on a $cot.\ z = 0$, et la seconde équation du n°. 55 donne $cos.\ a.\ tang.\ p = cos.\ \iota.\ tang.\ g$; je substitue cette valeur de $tang\ p$. dans la quatrième équation du n°. 19, et je trouve $r.\ cot.\ h = sin.\ g.\ tang.\ a$, ou (n°. 51) $h = comp.\ A$.

57. Prob. Déterminer la relation entre p, Λ, et u ou z, quand Δ est un *minimum*.

Sol. Egalons les deux valeurs de $cos.\ p.\ sin.\ (f + u)$ prises de la première équation du n°. 35, et de la première équation du n°. 54, nous trouverons $r^2 n.\ cos.\ z = \xi.\ sin.\ p.\ sin.\ u.\ cos.\ g - \xi.\ sin.\ g.\ (\delta.\ sin.\ u + \Lambda.\ sin.\ z)$.

Quand deux de ces variables ont déterminé la troisième, alors la troisième équation du n°. 38 fournit Δ, qui devient un *minimum*.

58. Egalons les deux valeurs de $r.\ cos.\ f + sin.\ f.\ cot.\ u$, prises de la seconde équation du n°. 35, et de la première équation du n°. 55, nous aurons $cot.\ u.\ (r^2 n.\ cos.\ a - \Lambda\xi.\ sin.\ a.\ sin.\ g) = r.\ (r^2 n.\ sin.\ a + r\delta\xi.\ sin.\ g + \Lambda\xi.\ sin.\ g.\ cos.\ a - r\xi.\ sin.\ p.\ cos.\ g)$.

Egalons les deux valeurs de $r.\ cos.\ \iota + sin.\ \iota.\ cot.\ z$, prises de la troisième équation du n°. 35, et de la seconde équation du n°. 55, nous aurons $cot. z. (r^3 n - \xi. sin. a. sin. p. cos. g + \delta \xi. sin. a. sin. g) = r \xi. (sin. p. cos. a. cos. g - r\lambda. sin. g - \delta. sin. g. cos. a)$.

59. Prob. De tous les lieux situés sous le même parallèle, déterminer celui qui voit la plus grande ou la plus petite inclinaison de la ligne des centres à l'instant de la plus grande phase, ou réciproquement (n°. 26) de tous les lieux qui voient la même inclinaison de la ligne des centres à l'instant de la plus grande phase, déterminer celui qui a la plus grande ou la plus petite latitude.

Sol. Je différencie (n°. 26) l'équation du n°. 48 relativement à h seulement, et je trouve pour le symptôme cherché $tang. h. tang. u + r. sin. g = 0$.

60. Substituons cette valeur de h dans l'équation du n°. 48 non différenciée, nous aurons $r^2 n. cos. z = \pm \xi. cos. l. (r^2. sin^2. u + sin^2. g. cos^2. u)^{\frac{1}{2}}$.

Substituons la valeur de u dans la première équation du n°. 49, nous aurons $r \xi. sin. g. cos. l = n. (r. sin. h. cos. a + sin. a. sin. g. cos. h)$.

61. Pour résoudre cette seconde équation relativement à h, je substitue (n°. 41) à $r. sin. g$ sa valeur $cot. a. tang. A$, et je trouve $r\xi. cos. l. tang. A = n. sin. a. (r. sin. h + cos. h. tang. A)$; je multiplie par $cos. A$ chaque terme de cette équation, et j'ai $\xi. cos. l. sin. A = n. sin. a. sin. (h + A)$. Si je substitue cette valeur de $sin (h + A)$ dans l'expression (n°. 41) de l'angle B, je trouve $h. sin. a. tang. B = \xi. cos. l. tang. g$.

62. Prob. De tous les lieux qui ont le même angle parallactique à l'instant de la plus grande phase, déterminer celui qui voit le plus petit angle de la ligne des centres avec l'orbite de la lune, ou réciproquement (n°. 26) de tous les lieux qui voient la même inclinaison de la ligne des centres sur l'orbite de la lune à l'instant de la plus grande phase, déterminer celui qui a le plus petit angle parallactique.

Sol. Je différencie (n°. 26) la première équation du n°. 54, relativement à p seulement, et je trouve $sin.\ a.\ cot.\ g + tang.\ p.\ sin.\ (f + u) = 0$; je substitue cette valeur de $sin.\ (f+u)$ dans l'équation du n°. 54 non différenciée, et j'ai $\varkappa.\ sin.\ p.\ cos.\ z = \xi.\ sin.\ u.\ cos.\ g.$

63. Prob. De tous les *minima* de z dont chacun a lieu pour une latitude respective, détermider le *minimum* absolu.

Sol. Je différencie (n°. 26) la première équation du n°. 60, relativement à l seulement, et je trouve $dl.\ sin.\ l = 0$; donc le symptôme de la solution est $l = 0$.

64. Je substitue cette valeur de l dans la seconde équation du n°. 60, et (n°. 41) $cot.\ a.\ tang.\ A$ à $r.\ sin.\ g$; elle devient $\varkappa.\ sin.\ a.\ sin\ (h + A) = r\,\xi.\ sin.\ A$; et comme chaque sinus (n°. 16) désigne deux angles qui sont suplément l'un de l'autre, je tire de là deux valeurs de h. Chaque valeur de h portée dans l'équation du n°. 59 donne une valeur de u, et conséquemment de z. On pourroit éliminer h avec les équations $tang.\ h.\ tang.\ u + r.\ sin.\ g = 0$, et $\varkappa.\ sin.\ a.\ sin.\ (h + A) = r\,\xi.\ sin.\ A.$

65. Exemple. Dans l'éclipse du 1er. avril 1764, je demande le *minimum* absolu de z.

Sol. La seconde équation du n°. 60 me donne $h + A = 5° 8' 40''$, et $h + A = 174° 51' 20''$; de là je tire (n°. 41) $h = 356° 26' 10''$, et $h = 166° 8' 50''$. L'équation du n°. 59 me donne $u = 53° 26' 0''$, et $u = 18° 48' 10''$; d'où je conclus $z = 65° 18' 0''$, et $z = 99° 55' 50''$.

66. Prob. Déterminer la valeur de Λ correspondante au *minimum* absolu de z.

Sol. Je fais $l = 0$ (n°. 63) dans la troisième équation du n°. 19, et je trouve $r.\ sin.\ g + tang.\ h.\ cot.\ f = 0$; je compare cette équation à celle du n°. 59, et j'en tire $f = comp.\ u$, ou (n°. 23) $\iota = comp.\ z$. De là je conclus $sin.\ (f + u) = r$; donc la première équation du n°. 35 devient $\delta.\ sin.\ u + \Lambda.\ sin.\ z = r.\ cos.\ p$. Les valeurs de f et de l portées dans la cinquième équation du n°. 19 me donnent $r.\ sin.\ h = cos.\ p.\ cos.\ u$; j'égale ces deux valeurs de $cos.\ p$, et je trouve

$r^2.\ sin.\ h =$

$r^2. sin. h = cos. u. (\Omega. sin. u + \Delta. sin. z)$. Cette équation me donne la valeur de Δ correspondante à chaque valeur de h.

67. Dans cette recherche du *minimum* absolu de z, l'analyse supose que Δ positif ou négatif peut croître indéfiniment jusqu'à ce que sa valeur, à l'instant de la plus grande phase, rende z un *minimum* absolu; mais l'astronomie s'opose à ce que Δ positif ou négatif surpasse (n°. 12) la somme des demis diamètres du soleil et de la lune. Ainsi à la solution du problême (n°. 64) vraie analytiquement, il faut joindre la restriction astronomique suivante:

Pourvu que la valeur correspondante de Δ positive ou négative n'excède pas la somme des demis diamètres du soleil et de la lune. C'est ainsi que l'analyse supose que g positif ou négatif peut croître jusqu'à 90°, tandis que l'astronomie s'opose à ce que g surpasse 23° $\frac{1}{2}$. Dans l'exemple du n°. 65, le *minimum* analytique de z est 65° 18′; mais le *minimum* astronomique est 66° 36′.

68. Prob. Etant donné Δ avec u ou z, à l'instant de la plus grande phase, déterminer la valeur correspondante de σ.

Sol. Faites 1°. $r. sin. \varphi = \Omega. sin. a + \Delta. sin. z$, 2°. $tang. \psi = sin. \varphi + \frac{r^2 \eta}{\xi. sin. g}$, 3°. $sin. z. tang. \rho = sin. u. cot. g$, 4°. $r. cos. \varphi. sin. (\rho - \sigma) = cos. \rho. tang. \psi. cot. z$.

Dem. Dans la seconde équation du n°. 54, substituons à $sin. u$ sa valeur suposée $\frac{sin. z. tang. \rho}{cot. g}$, nous aurons $r^3 \eta. cot. z + \xi. sin. g. sin. \varepsilon. cos. p. cot. z + r\xi. sin. g. cos. p. cos. \varepsilon = r\xi. sin. g. sin. p. tang. \rho$. Substituons (n°. 11) 1°. $cos. \sigma. cos. \varphi$ à $r. sin. p$, 2°. $r. sin. \varphi$ à $sin. \varepsilon. cos. p$, 3°. $sin. \sigma. cos. \varphi$ à $cos. \varepsilon. cos. p$, nous aurons $r^3 \eta. cot. z + r\xi. sin. g. sin. \varphi. cot. z + r\xi. sin. g. sin. \sigma. cos. \varphi = \xi. sin. g. cos. \sigma. cos. \varphi. tang. \rho$.

A $r^2 \eta$ substituons sa valeur suposée $\xi. sin. g. (tang. \psi - sin. \varphi)$; nous aurons $r. tang. \psi. cot. z = cos. \sigma. cos. \varphi. tang. \rho - r. sin. \sigma. cos. \varphi$. Multiplions chaque terme par $cos. \rho$, nous aurons $cos. \rho. tang. \psi. cot. z =$

cos. φ. (*sin.* ρ. *cos.* σ — *sin.* σ. *cos.* ρ), ou *r*. *cos.* φ. *sin.* $(\rho - \sigma) =$ *cos.* ρ. *tang.* ψ. *cot.* *z*. Donc la quatrième équation de cette méthode n'est qu'une transformée de la seconde équation du n°. 54.

69. Il faut augmenter ρ de 360°, quand cela est nécessaire pour satisfaire à la quatrième équation de la méthode. Quand je connois φ et σ, je détermine p et ϵ par les équations (n°. 11) *r*. *sin*. $p =$ *cos*. σ. *cos*. φ, et *r*. *cot*. $\epsilon =$ *sin*. σ, *cot*. φ. Quand je tiens g, p, ϵ, et conséquemment f, je tire l de la première équation du n°. 19, et h de la cinquième; ensuite Λ m'est donné par la première équation du n°. 27 ou 35.

70. Exemple I. Dans l'éclipse du 1er. avril 1764, je demande la latitude et la longitude des points de la terre, pour qui la plus grande phase est de 5^d^ 51′ b., tandis que la ligne des centres est perpendiculaire à l'orbite de la lune.

Sol. Ce cas a déjà été résolu par la méthode particulière du n°. 51; mais il est aussi compris dans la méthode générale. Par les conditions de l'exemple, j'ai 1°. $\varphi = 27° 18' 20''$, 2°. $\psi = 87° 33' 10''$, 3°. $\rho = 80° 3' 30''$, 4°. $\rho - \sigma = 0$, ou $\sigma = 80° 3' 30''$. Ces valeurs de φ et de σ me donnent $p = 8° 49' 30''$, $\epsilon = 27° 39' 40''$, et $f = 33° 36' 20''$: de là je tire $l = 56° 24' 20''$ b, $h = 81° 17' 30''$, ou $h = 5^h 25' 10''$ s, $\Lambda =$ *sin*. 28° 1′ 20″. Pour décrire Λ, la lune a employé 0^h^ 55′ 55″; donc il étoit à Paris 0^h^ 8′ 0″ s, tandis que le lieu cherché comptoit 5^h^ 25′ 10″ s; donc ce lieu étoit plus oriental que Paris de 5^h^ 17′ 10″, ou de 79° 17′ 30″.

Donc le lieu cherché avoit une latitude boréale de 56° 24′ 20″, avec une longitude orientale de 79° 17′ 30″; et il comptoit 5^h^ 25′ 10″ du soir.

On avoit aussi (n°. 16) $\rho - \sigma = 180°$; ce qui donne (n° 69) $\sigma = 260° 3' 30''$: mais alors (n°. 15) *cos*. σ. est négatif; donc (n°. 11) *sin*. p est négatif aussi; donc le second lieu cherché (n°. 17) est situé sur l'hémisphère obscur. Cependant il satisferoit à la question si la terre étoit transparente, et on peut être curieux de le déterminer.

On trouve $p = -8° 49' 30''$, $\iota = 152° 20' 20''$, $f = 268° 55' 40''$; de là je tire $l = -1° 47' 36''$, $h = 261° 17' 30''$, ou $h = 5^h 25' 10''$ m., $\Lambda = -tang. 52°. 1' 10''$. Pour décrire Λ il falloit à la lune $2^h 32' 25''$; donc il étoit à Paris $8^h 39' 40''$ m., tandis que le second lieu cherché comptoit $5^h 25' 10''$ m.; donc ce lieu étoit plus occidental que Paris de $3^h 14' 30''$, ou de $48° 37' 30''$.

Donc le second lieu cherché avoit une latitude australe de $1° 47' 36''$, avec une longitude occidentale de $48° 37'' 30''$, et il comptoit $5^h 25' 10''$ du matin.

71. Exemple II. Soit $z = 85°$, et $u = 33° 44'$, j'aurai 1°. $\varphi = 27° 22' 30''$, 2°. $\psi = 87° 33' 10''$, 3°. $\rho = 81° 24' 15''$, 4°. $\rho - \sigma = 20° 9' 0''$, ou $\sigma = 61° 15' 15''$; donc $p = 25° 16' 50''$, $\iota = 30° 34' 0''$, et $f = 30° 42' 0''$. De là je tire $l = 54° 9' 20''$ b, $h = 52° 2' 0''$, ou $h = 3^h 28' 8''$ s., $\Lambda = sin.\ 20° 24' 20''$. Pour décrire Λ, la lune a employé $0^h 41' 30''$; donc il étoit à Paris $11^h 53' 35''$ m., tandis que le lieu cherché comptoit $3^h 28' 8''$ s.; donc ce lieu étoit plus oriental que Paris de $3^h 34' 33''$, ou de $53° 38' 15''$.

Donc le lieu cherché avoit une latitude boréale de $54° 9' 20''$, avec une longitude orientale de $53° 38' 15''$, et il comptoit $3^h 28' 8''$ du soir.

On avoit aussi $\rho - \sigma = 159° 51' 0''$, ou $\sigma = 281° 33' 12''$; ce qui donne $p = 10° 14' 40''$, $\iota = 152° 8' 35''$, et $f = 269° 7' 25''$. De là je tire $l = -0° 0' 23''$, $h = 280° 17' 0''$, ou $h = 6^h 41' 8''$ m, $\Lambda = -tang. 52° 25' 46''$. Pour décrire Λ, il falloit à la lune $2^h 34' 42''$; donc il étoit à Paris $8^h 37' 23''$ m., tandis que le second lieu cherché comptoit $6^h 41' 8''$ m.; donc ce lieu étoit plus occidental que Paris de $1^h 56' 15''$, ou de $29° 3' 45''$.

Donc le second lieu cherché avoit une latitude australe de $0° 0' 23''$ avec une longitude occidentale de $29° 3' 45''$, et il comptoit $6^h 41' 8''$ du matin.

72. Exemple III. Soit $z = 80°$, et $u = 38° \, 44'$, j'aurai 1°. $\varphi = 27° \, 35' \, 0''$, 2°. $\psi = 87° \, 33' \, 10''$, 3°. $\rho = 82° \, 26' \, 40''$, 4°. $\rho - \sigma = 37° \, 44' \, 10''$, ou $\sigma = 44° \, 42' \, 30''$; donc $p = 39° \, 2' \, 40''$, $\varepsilon = 36° \, 35' \, 50''$, et $f = 24° \, 40' \, 10''$. De là je tire $l = 49° \, 7' \, 40''$ b, $h = 29° \, 41' \, 40''$, ou $h = 1^h \, 58' \, 46'' \, 40'''$ s., $\Lambda = tang. \, 9° \, 36' \, 40''$. Pour décrire Λ, la lune a employé $0^h \, 20' \, 9''$; donc il étoit à Paris $11^h \, 32' \, 14''$ m., tandis que le lieu cherché comptoit $1^h \, 58' \, 46'' \, 40'''$ s.; donc ce lieu étoit plus oriental que Paris de $2^h \, 26' \, 32'' \, 40'''$, ou de $36° \, 28' \, 10''$.

Donc le lieu cherché avoit une latitude boréale de $49° \, 7' \, 40''$, avec une longitude orientale de $36° \, 28' \, 10''$, et il comptoit $1^h \, 58' \, 46'' \, 40'''$ du soir.

On avoit aussi $\rho - \sigma = 142° \, 15' \, 50''$, ou $\sigma = 300° \, 10' \, 50''$; ce qui donne $p = 26° \, 27' \, 40''$, $\varepsilon = 148° \, 51' \, 14''$, et $f = 272° \, 24' \, 46''$. De là je tire $l = 4° \, 18' \, 0''$ b, $h = 296° \, 14' \, 20''$, ou $h = 7^h \, 44' \, 57''$ m., $\Lambda = - \, tang. \, 50° \, 40' \, 6''$. Pour décrire Λ il falloit à la lune $2^h \, 25' \, 14''$; donc il étoit à Paris $8^h \, 46' \, 51''$ m., tandis que le second lieu cherché comptoit $7^h \, 44' \, 57''$ m.; donc ce lieu étoit plus occidental que Paris de $1^h \, 1' \, 54''$, ou de $15° \, 28' \, 30''$.

Donc le second lieu cherché avoit une latitude boréale de $4° \, 18' \, 0''$, avec une longitude occidentale de $15° \, 28' \, 30''$, et il comptoit $7^h \, 44' \, 57''$ du matin.

73. Exemple IV. Soit $z = 75°$, et $u = 43° \, 44'$, j'aurai 1°. $\varphi = 27° \, 55' \, 35''$, 2°. $\psi = 87° \, 33' \, 10''$, 3°. $\rho = 83° \, 17' \, 5''$, 4°. $\rho - \sigma = 56° \, 5' \, 20''$, ou $\sigma = 27° \, 11' \, 45''$; donc $p = 51° \, 48' \, 10''$, $\varepsilon = 49° \, 13' \, 50''$, et $f = 12° \, 2' \, 10''$. De là je tire $l = 41° \, 57' \, 45''$ b, $h = 9° \, 59' \, 10''$, ou $h = 0^h \, 39' \, 56'' \, 40'''$ s., $\Lambda = - \, sin. \, 4° \, 15' \, 40''$. Pour décrire Λ, il falloit à la lune $0^h \, 8' \, 50''$; donc il étoit à Paris $11^h \, 3' \, 15''$ m., tandis que le lieu cherché comptoit $0^h \, 39' \, 56'' \, 40'''$ s.; donc ce lieu étoit plus oriental que Paris de $1^h \, 36' \, 41'' \, 40'''$, ou de $24° \, 10' \, 25''$.

Donc le lieu cherché avoit une latitude boréale de $41° \, 57' \, 45''$, avec une longitude orientale de $24° \, 10' \, 25''$, et il comptoit $0^h \, 39' \, 56'' \, 40'''$ du soir.

On avoit aussi $\rho - \sigma = 123^\circ\ 54'\ 40''$, ou $\sigma = 319^\circ\ 22'\ 25''$; ce qui donne $p = 42^\circ\ 6'\ 45''$, $\iota = 140^\circ\ 51'\ 7''$, et $f = 280^\circ\ 24'\ 53''$. De là je tire $l = 10^\circ\ 56'\ 56''$ b, $h = 312^\circ\ 0'\ 0''$, ou $h = 8^h\ 48'\ 0''$ m, $\Lambda = -$ *tang.* $46^\circ\ 29'\ 20''$. Pour décrire Λ, il falloit à la lune $2^h 5'\ 22''$; donc il étoit à Paris $9^h\ 6'\ 43''$ m., tandis que le second lieu cherché comptoit $8^h\ 48'\ 0''$ m.; donc ce lieu étoit plus occidental que Paris de $0^h\ 18'\ 43''$, ou de $4^\circ\ 4'\ 45''$.

Donc le second lieu cherché avoit une latitude boréale de $10^\circ\ 56'\ 56''$ avec une longitude occidentale de $4^\circ\ 4'\ 45''$, et il comptoit $8^h\ 48'\ 0''$ du matin.

74. Exemple V. Soit $z = 70^\circ\ 25'$, et $u = 48^\circ\ 19'$, j'aurai 1°. $\varphi = 28^\circ\ 21'\ 35''$, 2°. $\psi = 87^\circ\ 33'\ 15''$, 3°. $\rho = 83^\circ\ 56'\ 0''$, 4°. $\rho - \sigma = 90^\circ$, ou $\sigma = 353^\circ\ 56'\ 0''$; donc $p = 61^\circ\ 3'\ 5''$, $\iota = 78^\circ\ 55'\ 20''$, et $f = 342^\circ\ 20'\ 40''$. De là je tire $l = 32^\circ\ 12'\ 50''$ b, $h = 350^\circ\ 0'\ 30''$, ou $h = 11^h\ 20'\ 2''$, $\Lambda = -$ *sin.* $23^\circ\ 59'\ 20''$. Pour décrire Λ, il falloit à la lune $0^h\ 48'\ 23''$; donc il étoit à Paris $10^h\ 23'\ 42''$ m., tandis que le lieu cherché comptoit $11^h\ 20'\ 2''$ m.; donc ce lieu étoit plus oriental que Paris de $0^h\ 56'\ 20''$, ou de $14^\circ\ 5'\ 0''$.

Donc le lieu cherché avoit une latitude boréale de $32^\circ\ 12'\ 50''$, avec une longitude orientale de $14^\circ\ 5'\ 0''$, et il comptoit $11^h\ 20'\ 2''$ du matin.

La seconde valeur de $\rho - \sigma$ est égale à la première, et ne donne pas une seconde solution.

75. Ne perdons point de vue qu'au n°. 68, c'est la quatrième équation qui contient un symptôme de la plus grande phase, et que dans cette équation la quantité inconnue est *sin.* $(\rho - \sigma)$: concevons bien l'usage de cet angle $(\rho - \sigma)$. Quand $z = 90^\circ$, on trouve *sin.* $(\rho - \sigma) = 0$; ensuite *sin.* $(\rho - \sigma)$ croît à mesure que z décroît; ainsi la plus petite valeur possible de z est celle qui donne *sin.* $(\rho - \sigma) = r$. Là il faut s'arrêter: pour peu qu'on diminue z au dessous de cette limite, on trouve *sin.* $(\rho - \sigma) > r$. Chaque valeur de *sin* $(\rho - \sigma)$ indique pour l'angle même $(\rho - \sigma)$ deux valeurs qui sont suplément

l'une de l'autre, et qui deviennent égales quand *sin.* $(\rho - \sigma) = r$. Chaque valeur de $(\rho - \sigma)$ fournit une valeur distincte pour σ, d'où résultent aussi deux valeurs pour chacune des autres variables. Ces deux valeurs pour chaque variable deviennent égales quand *sin.* $(\rho - \sigma) = r$, et elles deviendroient imaginaires si on avoit *sin.* $(\rho - \sigma) > r$. Chaque valeur de l observe, avec la valeur de h correspondante, la relation prescrite par l'équation du n°. 48.

L'avantage que je me procure en prenant l'angle $(\rho - \sigma)$ pour la quantité inconnue, consiste en ce que les deux valeurs de cet angle sont toujours suplément l'une de l'autre, et données par une équation simple du premier degré; ce qui ne convient à aucune autre variable. Etant donné Δ avec u ou z à l'instant de la plus grande phase, si on cherche directement une variable quelconque autre que l'angle $(\rho - \sigma)$, sa valeur est donnée par une équation du second degré dont les deux racines n'ont point entr'elles une relation constante, et dont la solution est très-pénible à cause de la complication des quantités connues.

76. Il n'est pas toujours possible de diminuer la valeur de z jusqu'à ce que $\rho - \sigma = 90°$: on peut être arrêté par le signe de p ou de *cos.* σ, qui devient négatif; ce qui met le soleil (n°. 17) sous l'horizon. Quand j'ai diminué, autant qu'il étoit possible, la valeur primitive de z, qui est $90°$, j'essaie de l'augmenter jusqu'à ce que pareillement je sois arrêté par l'un des deux obstacles.

Dans les supositions actuelles, je suis bientôt arrêté par le signe de p. Quand $z = 92° 10' 30''$, je trouve $p = 0$; ce qui indique le coucher du soleil. Le sinus de $92° 10' 30''$ est le même que celui de $87° 49' 30''$; ainsi $z = 87° 49' 30''$ doit donner pareillement $p = 0$, ce qui indique le lever du soleil. Si je supose la terre transparente, et si je compte pour rien l'abaissement du soleil, je peux augmenter z jusqu'à $99°$, auquel degré je suis arrêté par la valeur de *sin.* $(\rho - \sigma)$. C'est ce qu'il faut dévoiler et déveloper par le calcul.

77. Exemple VI. Soit $z = 92° 10' 30''$, et $u = 26° 33' 30''$, j'aurai

1°. $\varphi = 27^\circ\ 19'\ 10''$, 2°. $\psi = 87^\circ\ 33'\ 10''$, 3°. $\rho = 79^\circ\ 20'\ 0''$, 4°. $\rho - \sigma = -10^\circ\ 40'\ 0''$, parce que *cot.* z est négative. Donc $\sigma = 90^\circ$, $p = 0$, et $\iota = \varphi$; donc $f = 33^\circ\ 56'\ 50''$. De là je tire $l = 55^\circ\ 45'\ 10''$ b, $h = 97^\circ\ 6'\ 35''$, ou $h = 6^h\ 28'\ 26''$ s., $\Lambda = sin.\ 29^\circ\ 35'\ 0''$. Pour décrire Λ, la lune a employé $0^h\ 58'\ 45''$; donc il étoit à Paris $0^h\ 10'\ 50''$ s., tandis que le lieu cherché comptoit $6^h\ 28'\ 26''$ s.; donc ce lieu étoit plus oriental que Paris de $6^h\ 17'\ 36''$, ou de $94^\circ\ 24'\ 0''$.

Donc le lieu cherché avoit une latitude boréale de $55^\circ\ 45'\ 10''$, avec une longitude orientale de $94^\circ\ 24'\ 0''$; il comptoit $6^h\ 28'\ 26''$ du soir, et c'étoit le coucher du soleil.

On avoit aussi $\sigma - \rho = 169^\circ\ 20'\ 0''$, ou $\sigma = 248^\circ\ 40'\ 0''$; donc (n°. 15) pour le second lieu cherché on avoit *cos.* σ négatif; donc le soleil étoit sous l'horizon.

78. Exemple VII. Soit $z = 87^\circ\ 49'\ 30''$, et $u = 30^\circ\ 54'\ 30''$, j'aurai 1°. $\varphi = 27^\circ\ 19'\ 10''$, 2°. $\psi = 87^\circ\ 33'\ 10''$, 3°. $\rho = 80^\circ\ 41'\ 30''$, 4°. $\rho - \sigma = 9^\circ\ 18'\ 30''$, ou $\sigma = 71^\circ\ 23'\ 0''$; donc $p = 16^\circ\ 28'\ 35''$, $\iota = 28^\circ\ 35'\ 40''$, et $f = 32^\circ\ 40'\ 20''$. De là je tire $l = 55^\circ\ 54'\ 40''$, $h = 67^\circ\ 27'\ 40''$, ou $h = 4^h\ 29'\ 51''$ s., $\Lambda = sin.\ 25^\circ\ 12'\ 25''$. Pour décrire Λ, la lune a employé $0^h\ 50'\ 41''$: donc il étoit à Paris $0^h\ 2'\ 46''$ s., tandis que le lieu cherché comptoit $4^h\ 29'\ 51''$ s.; donc ce lieu étoit plus oriental que Paris de $4^h\ 27'\ 5''$, ou de $66^\circ\ 46'\ 15''$.

Donc le lieu cherché avoit une latitude boréale de $55^\circ\ 54'\ 40''$, avec une longitude orientale de $66^\circ\ 45'\ 15''$, et il comptoit $4^h\ 29'\ 51''$ du soir.

On avoit aussi $\rho - \sigma = 170^\circ\ 41'\ 30''$, ou $\sigma = 270^\circ$, ce qui donne $p = 0$, $\iota = supl.\ \varphi$, et $f = 268^\circ\ 35'\ 10''$. De là je tire $l = -1^\circ\ 24'\ 32''$, $h = 270^\circ\ 7'\ 7''\frac{1}{2}$, ou $h = 6^h\ 0'\ 29''$ m., $\Lambda = -tang.\ 52^\circ\ 31'\ 40''$. Pour décrire Λ, il falloit à la lune $2^h\ 35'\ 15''$; donc il étoit à Paris $8^h\ 36'\ 50''$ m., tandis que le second lieu cherché comptoit $6^h\ 0'\ 29''$ m., donc ce lieu étoit plus occidental que Paris de 2^h 36′ 21″, ou de 39° 5′ 15″.

Donc le second lieu cherché avoit une latitude australe de 1° 24′ 32″, avec une longitude occidentale de 39° 5′ 15″; il comptoit 6^h 0′ 29″ du matin, et c'étoit le lever du soleil.

79. Exemple VIII. Soit $z = 99° 0'$, et $u = 19° 44'$, j'aurai 1°. $\varphi =$ 27° 31′ 50″, 2°. $\psi = 87° 33' 10''$, 3°. $\rho = 76° 9' 10''$, 4°. $\rho - \sigma = -$ 90°, parce que *cot. z* est négative, ou $\sigma - \rho = 90°$; donc $\sigma = 166°$ 9′ 10″; donc (n°. 15) *cos.* σ est négatif; donc le soleil est sous l'horizon.

Sans cet obstacle, z pourroit croître jusqu'à 99°; mais ce seroit son *maximum*, parce qu'au delà on trouveroit *sin.* $(\rho - \sigma) > r$.

La seconde valeur de $(\sigma - \rho)$ est égale à la première, et ne donne pas une seconde solution.

80. Récapitulation. Si on dressoit pour chaque degré de z un dispositif complet pareil à celui du n°. 33, la phase donnée de 5 doigts 51′ boréale seroit (n°. 50) un *maximum* pour les deux lieux seulement déterminés par la méthode du n°. 68 : dans les autres lieux, cette phase seroit vue comme phase actuelle, mais non pas comme plus grande phase.

Quand j'ai calculé les huit exemples, je réunis les solutions, et je les dispose par ordre des angles horaires; ce qui me fournit le dispositif suivant. Je ne présente les valeurs que de h, de l, et de λ. On peut former d'autres colonnes avec les valeurs de f, de p, et de z, que j'ai aussi déterminées.

PLUS GRANDE PHASE DE 5 doigts 51′ BORÉALE, LE 1er, AVRIL 1764.

Heures.	Latitudes.	Longitudes.
6^h 0′ 29″ m.	1° 24′ 32″ a.	39° 5′ 15″ occ.
6 41 8	0 0 23	29 3 45
7 44 57	4 18 0 b.	15 28 39

Heures,

Heures.			Latitudes.			Longitudes.		
8h	48′	0″ m.	10°	56′	56″	4°	4′	45″
11	20	2	32	12	50	14	5	0 or.
12	39	57 s.	41	57	45	24	10	25
1	58	47	49	7	40	36	28	10
3	28	8	54	9	20	53	38	15
4	29	51	55	54	40	66	46	15
5	25	10	56	24	20	79	17	30
6	28	26	55	45	10	94	24	0

81. Prob. Dans l'éclipse du 1er. avril 1764, je supose que par une méthode quelconque (n°. 36), j'aie découvert qu'à Paris la plus grande phase est arrivée à $10^h\,40'$ du matin, et je demande quel est le second lieu qui a vu (n°. 50) la même plus grande phase que Paris avec la même inclinaison de la ligne des centres.

Sol. Par l'énoncé du problème, j'ai $g = 4°\,49'\,0''$, $l = 48°\,50'\,10''$ b, $h = 340°$. La seconde équation du n°. 19 donne $p = 42°\,48'\,30''$, et la cinquième $f = 342°\,7'\,50''$, et conséquemment $\epsilon = 79°\,8'\,10''$. L'équation (n°. 11) $r.\,sin.\,\varphi = sin.\,\epsilon.\,cos.\,p$, donne $\varphi = 46°\,5'\,40''$, et conséquemment $\psi = 87°\,34'\,50''$. La première équation du n°. 49 donne $u = 41°\,26'\,20''$, et conséquemment $z = 77°\,17'\,40''$. La troisième équation du n°. 68 donne $\rho = 82°\,55'\,10''$, la quatrième donne $\rho - \sigma = 71°\,26'\,40''$, et conséquemment $\sigma = 11°\,28'\,30''$.

Donc pour le second lieu $\rho - \sigma = 108°\,33'\,20''$, et $\sigma = 334°\,21'\,50''$; donc $p = 38°\,41'\,42''$, $\epsilon = 112°\,36'\,23''$, et $f = 308°\,39'\,37''$. De là je tire $l = 32°\,34'\,15''$ b, $h = 313°\,40'\,50''$, ou $h = 8^h\,54'\,43''\,20'''$ m. La première équation du n°. 35 donne $A = -\,sin.\,44°\,26'\,30''$. Pour décrire A, il falloit à la lune $5000''$, ou $1^h\,23'\,20''$; donc il étoit à Paris $9^h\,48'\,45''$, tandis que le second lieu comptoit $8^h\,54'\,43''\,20'''$ m.; donc ce lieu étoit plus occidental que Paris de $0^h\,54'\,1''\,40'''$, ou de $13°\,30'\,25''$.

Donc le second lieu cherché avoit une latitude boréale de $32°\,34'\,15''$, avec une longitude occidentale de 13° 30′ 25″. Il comptoit 8h 54′ 43″ 20‴ du matin ; sa plus grande phase a été la même qu'à Paris, avec la même inclinaison de la ligne des centres.

82. PROB. Déterminer la relation entre la distance des centres, à l'instant de la plus grande phase, et le plus petit angle que cette distance puisse faire avec l'orbite de la lune.

SOL. Dans la quatrième équation du n°. 68, je fais (n°. 75) $sin.(\rho - \sigma) = r$, et elle devient $cos.\,\rho.\,tang.\,\psi = cos.\,\varphi.\,tang.\,z$, ou $cos.\,\varphi.\,sec.\,\rho = tang.\,\psi.\,cot.\,z$; d'ailleurs, la troisième équation est $sin.\,z.\,tang.\,\rho = sin.\,u.\,cot.\,g$; je substitue ces valeurs de $sec.\,\rho$ et de $tang.\,\rho$ dans l'équation trigonométrique $sec^2.\,\rho = r^2 + tang^2.\,\rho$, et je trouve $r.\,cos.\,z.\,tang.\,\psi = \pm\, cos.\,\varphi.\,(r^2.\,sin^2.\,z + sin^2.\,u.\,cot^2.\,g)^{\frac{1}{2}}$, ou (n°. 68) $r.\,cos.\,z.\,\left(sin.\,\varphi + \frac{r^2\,\eta}{\xi.\,sin.\,g}\right) = \pm\, cos.\,\varphi.\,(r^2.\,sin^2.\,z + sin^2.\,u.\,cot^2.\,g)^{\frac{1}{2}}$.

83. PROB. Déterminer la relation qui doit avoir lieu entre z et Δ, pour que sur un dispositif pareil à celui du n°. 33, le lieu qui voit la phase donnée (n°. 50) comme sa plus grande phase respective, voie à la fois le soleil (n°. 31) à une plus grande hauteur sur l'horizon, qu'aucun autre lieu compris sur le même dispositif.

SOL. Un symptôme de p parvenu à son *maximum*, est (n°. 31) $\sigma = 0$. Faisons donc $\sigma = 0$ dans la quatrième équation du n°. 68, elle deviendra $cos.\,\varphi.\,tang.\,\rho = tang.\,\psi.\,cot.\,z$. Portons cette valeur de $tang.\,\rho$ dans la troisième équation, nous trouverons $r.\,cos.\,z.\,tang.\,\psi = sin.\,u.\,cos.\,\varphi.\,cot.\,g$, ou $r.\,cos.\,z.\,\left(sin.\,\varphi + \frac{r^2\,\eta}{\xi.\,sin.\,g}\right) = sin.\,u.\,cos.\,\varphi.\,cot.\,g$.

Ou bien dans la seconde équation du n°. 54, faisons (n°. 31) $\varepsilon = 90°$, et $p = comp.\,\varphi$, nous aurons $r^2\,\eta.\,cos.\,z = \xi.\,(sin.\,u.\,cos.\,g.\,cos.\,\varphi - sin.\,g.\,sin.\,\varphi.\,cos.\,z)$.

84. PROB. Déterminer la relation entre ε et Δ, quand à la fois Δ est un *minimum*, et $p = 0$.

SOL. Faisons $p = 0$ dans l'équation du n°. 28, et dans la seconde équation du n°. 55 : avec ces deux équations ainsi réduites, éliminons $sin.\, z$ et $cot.\, z$ dans l'équation trigonométrique $\frac{r^4}{sin^2.\, z} = r^2 + cot^2.\, z$, nous trouverons $\frac{\Delta.\,(r^2 n + \xi.\, sin.\, g.\, sin.\, \epsilon)}{r.\, sin.\, \epsilon - \delta.\, sin.\, a} = (r^2 n^2 + \xi^2.\, sin^2.\, g +$ $2\, n\, \xi.\, sin.\, g.\, sin.\, \epsilon)^{\frac{1}{2}}$,

85. Cette équation est du troisième degré relativement à $sin.\, \epsilon$. Si on peut la résoudre, la valeur de ϵ correspondante au *minimum* de Δ et à $p = 0$ donnera telle autre variable qu'on jugera à propos. On voit d'abord que l'équation du n°. 28 donnera $sin.\, z$, et que (n°. 23) la première équation du n°. 27 donnera Δ.

SUPLEMENT

POUR L'ÉCLIPSE DU 9 OCTOBRE 1847.

J'AI tiré mes exemples de l'éclipse du 1er. avril 1764; mais comme cette éclipse est passée depuis long-temps, il seroit inutile d'en calculer toutes les circonstances. J'ai préféré de calculer dans le plus grand détail l'éclipse du 9 octobre 1847; je l'ai choisie parmi toutes les éclipses du 19e. siècle, parce que c'est celle qui aura la plus grande phase à Paris. Ce calcul a été inséré dans la *Connoissance des Temps* pour l'an XIII.

ÉLÉMENS DE L'ÉCLIPSE DU 9 OCTOBRE 1847.

Le passage de la lune par le méridien universel arrivera à $9^h\ 0'\ 56''\ 12'''$ du matin, temps vrai à Paris. Je prends pour sinus total la différence des parallaxes horizontales de la lune et du soleil, et alors le diamètre du soleil sera *tang.* $30°\ 51'\ 30''$; le diamètre de la lune sera *sin.* $33°\ 13'\ 10''$, et la somme des demis diamètres du soleil et de la lune sera *sin.* $34°.\ 56'\ 10''$.

La distance des centres sera pour trois doigts éclipsés *sin.* $25°\ 2'\ 30''\ \frac{1}{2}$; pour six doigts, *tang.* $15°\ 19'\ 10''$, et pour neuf doigts, *tang.* $7°\ 6'\ 0''$. On aura aussi δ = *tang.* $31°\ 16'\ 0''$, n = *tang.* $26°.\ 48'\ 40''$, $a = 106°\ 57'$, $g = 6°\ 5'\ 23''$ austr., $A = 19°\ 11'\ 30''$, *comp.* $A = 70°\ 48'\ 30''$, ou $4^h\ 43'\ 14''$.

Avec ces élémens, et avec les méthodes des nos. 43, 52, et 68, je construis les dispositifs suivans, en continuant de prendre pour premier méridien celui de Paris.

A PARIS.

Heures.			Hauteurs du soleil.			Phases.	
6h	28′	2″ m.	0°	0′	0″	0	
6	34	0	0	58	1	contact	
7	0	0	5	8	12	4doigts	10′ b.
7	25	0	9	3	11	8	1
7	48	30	12	37	25	11	24
8	15	0	16	29	4	7	42
8	45	0	20	31	45	3	34
9	12	0	23	59	12	contact	

PLUS GRANDES PHASES SOUS LE PARALLÈLE BORÉAL DE 48° 50′ 10″.

Heures.			Phases.		Longitudes.		
6h	28′	2″ m.	16doigts	33′ b.	18°	26′	45″ occ.
7	0	0	10	50	10	52	0
7	48	30	11	24	0	0	0
7	56	20	11	30 c.	1	41	45 or.
8	0	0	11	27 a.	2	29	0
9	0	0	10	33	14	48	0
10	0	0	9	32	26	16	15
11	0	0	8	27	37	7	0
11	10	9	8	16	38	52	15
12	0	0	7	24	47	28	45
1	0	0 s.	6	27	57	41	0
2	0	0	5	40	68	0	0

Heures.				Phases.			Longitudes.		
3h	0′	0″	....	5doigts	6′	....	78°	46′	15″
4	0	0	....	4	46	....	90	20	45
4	43	14	....	4	42	....	99	21	0
5	0	0	....	4	43	....	103	0	45
5	31	58	....	4	48	....	110	16	30

PHASE CENTRALE DE 11doigts 30′.

Heures.				Latitudes.				Longitudes.			
6h	31′	26″ m.	....	52°	2′	20″ b.	....	18°	27′	30″	occ.
7	0	0	....	51	10	10	....	11	26	30	
7	48	45	....	49	11	51	....	0	0	0	
7	56	20	....	48	50	10	....	1	41	45	or.
8	0	0	....	48	39	24	....	2	31	0	
9	0	0	....	45	14	44	....	15	12	45	
10	0	0	....	41	2	30	....	26	28	0	
11	0	0	....	36	16	0	....	36	14	30	
12	0	0	....	31	18	0	....	44	46	0	
1	0	0 s.	....	26	35	15	....	52	35	0	
2	0	0	....	22	34	15	....	60	26	30	
3	0	0	....	19	35	52	....	69	5	45	
4	0	0	....	17	53	45	....	79	11	45	
4	43	14	....	17	31	44	....	87	38	0	
5	0	0	....	17	35	0	....	91	11	45	
5	51	51	....	18	27	0	....	103	18	45	

PLUS GRANDE PHASE DE 9 doigts BORÉALE.

Heures.			Latitudes.			Longitudes.			
6h	25′	33″ m.	43°	47′	40″ b.	17°	52′	46″	occ.
7	23	41	41	43	10	4	7	30	
9	21	37	35	3	0	19	36	30	or.
10	14	22	31	10	8	28	17	0	
11	52	20	23	17	10	41	47	15	
1	19	43 s.	16	38	50	52	40	45	
1	59	39	14	6	30	57	55	15	
3	15	52	10	36	30	69	17	0	
3	49	57	9	42	20	75	9	15	
4	43	14	9	10	0	86	1	15	
5	55	37	10	9	0	102	11	30	

PLUS GRANDE PHASE DE 9 doigts AUSTRALE.

Heures.			Latitudes.			Longitudes.			
6h	44′	2″ m.	61°	12′	20″ b.	18°	17′	15″	occ.
8	19	14	54	11	50	5	55	30	or.
11	35	53	43	18	6	42	51	45	
12	15	54 s.	39	54	27	48	51	45	
12	54	29	36	50	46	54	22	45	
3	1	38	28	59	30	72	17	30	
3	53	19	27	23	50	80	55	30	
4	43	14	26	52	50	90	33	45	
5	47	8	27	43	54	105	6	15	

PLUS GRANDE PHASE DE 6 doigts BORÉALE.

Heures.				Latitudes.				Longitudes.			
6h	16′	54″ m.	....	34°	37′	10″ b.	....	18°	27′	0″	occ.
7	6	5	....	33	0	26	....	6	56	45	
8	51	42	....	27	29	42	....	14	1	45	or.
10	43	51	....	19	22	10	....	30	46	30	
11	42	6	....	14	43	10	....	38	0	45	
12	36	48 s.	....	10	24	40	....	44	35	15	
2	6	35	....	4	22	0	....	56	19	45	
3	17	46	....	1	14	15	....	67	27	45	
3	48	4	....	0	27	9	....	70	21	0	
4	43	14	....	0	6	30 a.	....	83	47	45	
5	59	36	....	0	56	28 b.	....	101	36	0	

PLUS GRANDE PHASE DE 6 doigts AUSTRALE.

Heures.				Latitudes.				Longitudes.			
7h	30′	12″ m.	....	74°	27′	16″ b.	....	12°	17′	0″	occ.
8	57	29	....	70	58	20	....	9	16	0	or.
10	40	14	....	64	5	0	....	32	37	45	
12	45	15 s.	....	52	46	30	....	55	43	45	
2	29	33	....	44	53	26	....	71	57	15	
3	24	34	....	42	12	50	....	80	54	45	
3	57	19	....	41	15	20	....	86	45	15	
4	43	14	....	40	45	10	....	95	51	15	
5	38	21	....	41	28	54	....	108	26	45	

PLUS

PLUS GRANDE PHASE DE 3 doigts BORÉALE.

Heures.			Latitudes.			Longitudes.			
6h	11′	52″ m.	25°	53′	31″ b.	18°	54′	0″	occ.
6	55	20	24	30	47	8	53	45	
8	33	50	19	37	50	10	9	30	or.
10	12	18	12	54	24	24	35	15	
11	32	30	6	39	25	34	16	30	
12	47	6 s.	0	47	26	43	15	30	
2	6	32	4	29	56 a.	54	13	30	
3	16	49	7	34	15	65	46	30	
3	45	52	8	19	43	71	5	0	
4	43	14	8	55	0	82	47	45	
6	3	21	7	48	20	101	43	45	

CONTACT INSTANTANÉ BORÉAL.

Heures.			Latitudes.			Longitudes.			
6h	7′	39″ m.	17°	21′	54″ b.	19°	49′	45″	occ.
6	48	46	16	5	16	10	32	30	
8	23	26	11	31	50	7	12	45	or.
9	58	8	5	17	40	20	33	45	
11	22	44	1	10	50 a.	30	32	15	
12	42	0 s.	7	29	10	40	15	30	
2	1	0	12	51	54	51	43	30	
3	13	15	16	5	40	64	10	30	
3	43	11	16	53	6	69	54	0	
4	43	14	17	30	46	82	27	0	
6	7	10	16	20	17	102	33	30	

COMMENCEMENT DE L'ÉCLIPSE AU LEVER DU SOLEIL.

Heures.			Latitudes.			Longitudes.			
7h	39′	17″	75°	44′	20″b	3°	50′	0″	or.
7	5	16	69	12	20	0	39	30	occ.
6	48	35	63	6	30	1	36	30	
6	38	25	57	24	10	1	37	15	
6	31	26	52	2	20	1	28	15	
6	22	17	42	17	13	1	44	30	
6	16	25	33	51	34	3	18	0	
6	12	25	26	54	55	6	8	45	
6	9	44	21	41	24	9	59	0	
6	8	9	18	25	40	14	23	0	
6	7	37	17	19	0	18	54	15	
6	7	39	17	21	54	19	49	45	

FIN DE L'ÉCLIPSE AU LEVER DU SOLEIL.

Heures.			Latitudes.			Longitudes.			
6h	7′	39″	17°	21′	54″b	19°	49′	45″	occ.
6	8	9	18	25	40	23	10	45	
6	9	44	21	41	24	26	58	45	
6	12	25	26	54	55	30	11	0	
6	16	25	33	51	34	32	44	15	
6	22	17	42	17	13	34	34	30	
6	31	26	52	2	20	35	28	0	
6	38	25	57	24	10	35	19	15	
6	48	35	63	6	30	34	26	45	
7	5	16	69	12	20	32	4	0	
7	39	17	75	44	20	25	36	15	

COMMENCEMENT DE L'ÉCLIPSE AU COUCHER DU SOLEIL.

Heures.			Latitudes.			Longitudes.		
4h	43′	14″	72°	1′	10″b.	121°	54′	0″ or.
5	37	15	42	52	40	123	45	45
5	42	16	35	56	30	122	58	30
5	46	3	29	40	20	122	7	45
5	49	11	23	52	10	121	14	45
5	51	51	18	27	0	120	18	45
5	56	17	8	38	0	118	14	30
5	59	55	0	10	36	115	50	45
6	2	54	6	46	50 a.	113	2	15
6	5	12	12	0	40	109	44	15
6	6	41	15	16	30	105	54	45
6	7	10	16	20	17	102	33	30

FIN DE L'ÉCLIPSE AU COUCHER DU SOLEIL.

Heures.			Latitudes.			Longitudes.		
6h	7′	10″	16°	20′	17″a.	102°	33′	30″ or.
6	7	11	16	23	12	101	37	45
6	6	41	15	16	30	97	7	0
6	5	12	12	0	40	92	44	30
6	2	54	6	46	50	89	0	0
5	59	55	0	10	36 b.	86	24	30
5	56	17	8	38	0	85	24	30
5	51	51	18	27	0	86	19	0
5	49	11	23	52	10	87	32	30
5	46	3	29	40	20	89	17	30
5	42	16	35	56	30	91	45	15
5	37	15	42	52	40	94	19	30
4	43	14	72	1	10	98	44	30

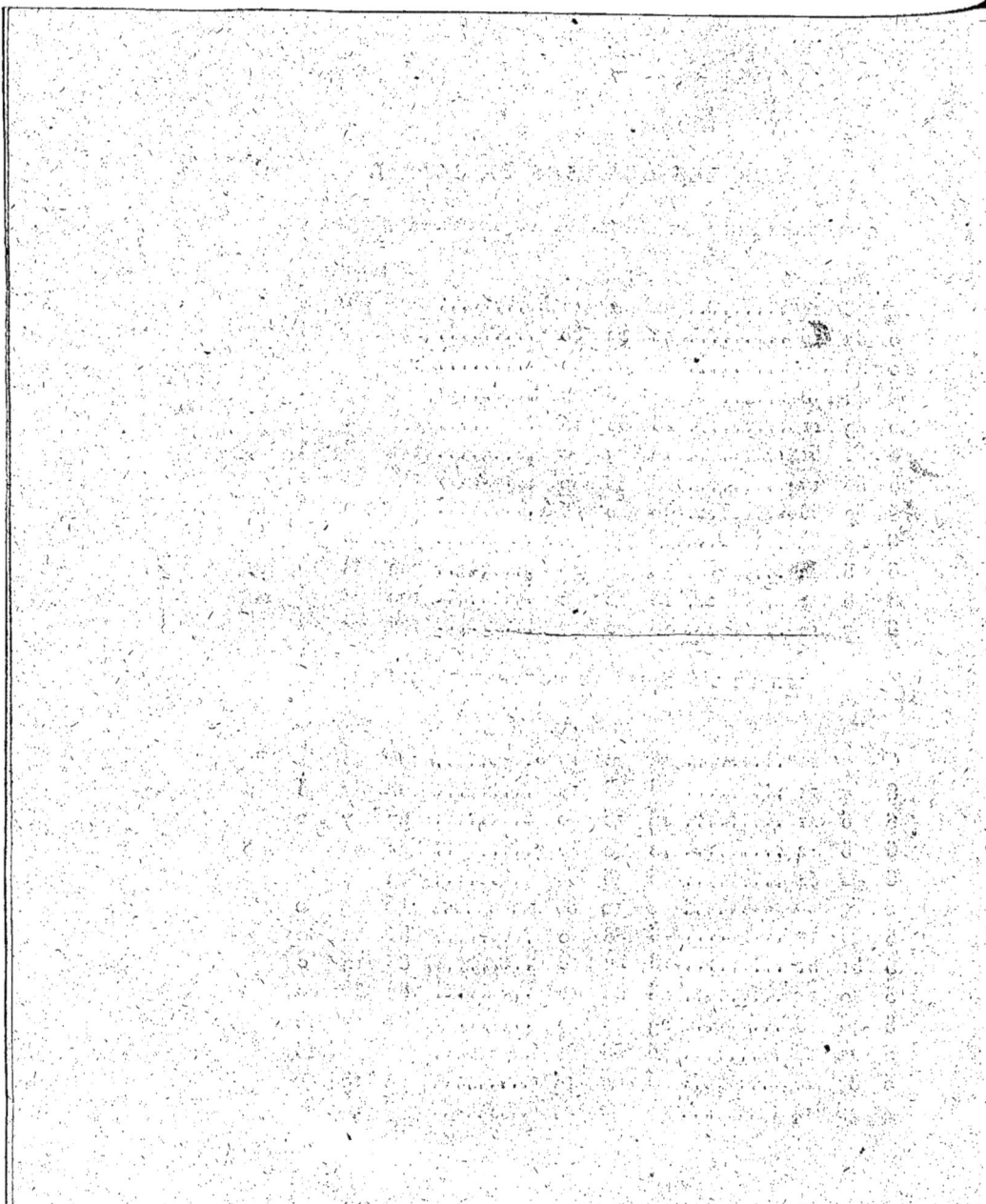

MÉMOIRE

SUR LES USAGES DE L'ELLIPSE

DANS LA TRIGONOMÉTRIE SPHÉRIQUE.

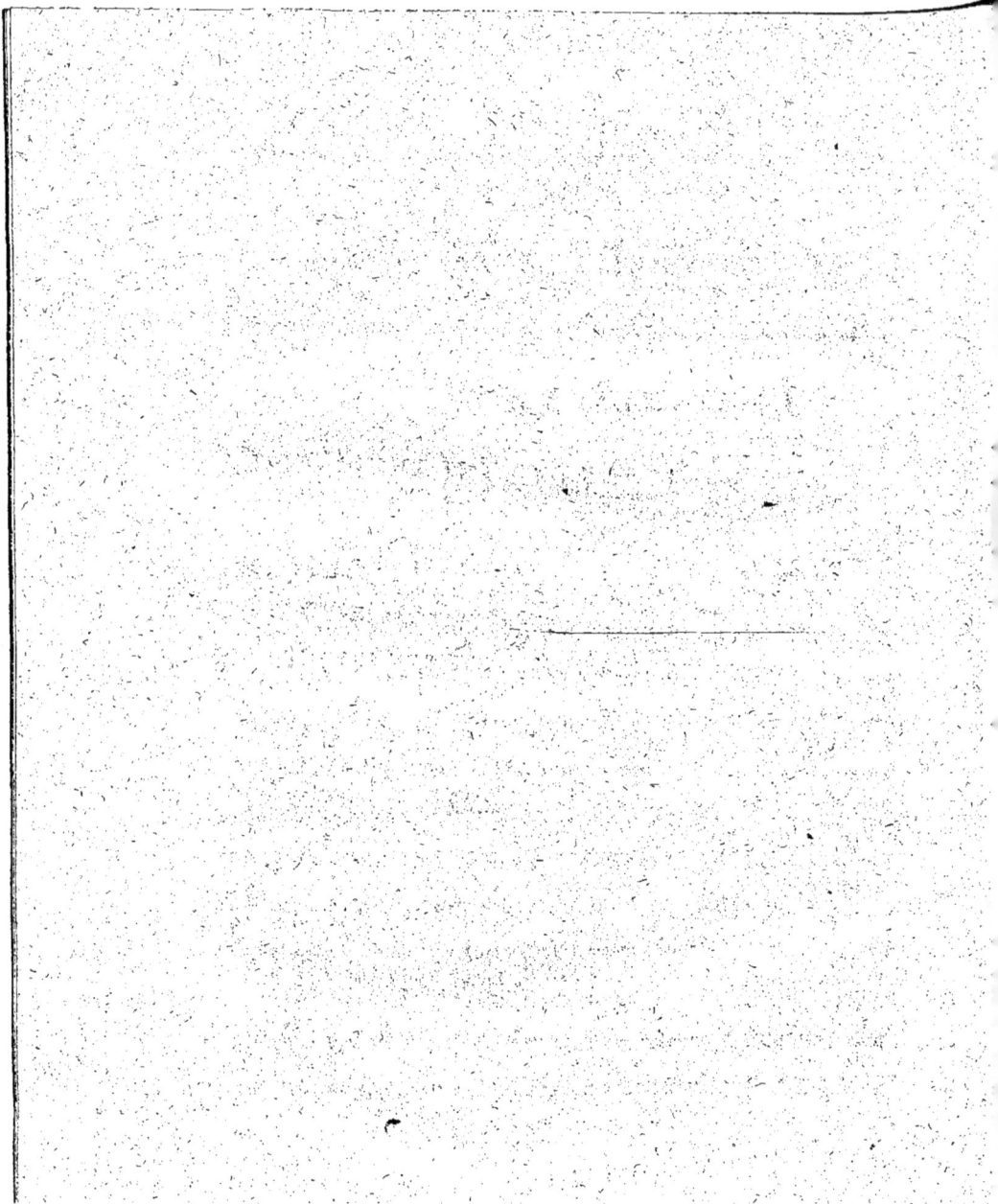

PREFACE.

Etant données trois parties d'un triangle sphérique obliquangle, on propose d'en déduire une quatrième. La première question a été de déterminer la relation entre quatre parties quelconques : ce problême n'est susceptible que de trois combinaisons. On peut comparer, 1°. deux côtés et deux angles; 2°. trois côtés et un angle; 3°. trois angles et un côté. La seconde question a été de résoudre les équations relativement à chaque variable, et sur-tout de leur donner une solution facile et praticable. Chaque équation a trois termes : si un angle ou un côté est de 90°, les termes se réduisent à deux, et la solution devient bien simple. On en a conclu que pour calculer un triangle sphérique obliquangle, il faut le diviser en deux triangles sphériques rectangles, en abaissant de l'un des angles un arc perpendiculaire sur le côté oposé : l'angle et le côté divisés ont chacun deux segments, et chaque segment se détermine par une proportion. Cette méthode est très-bonne et très-suffisante : cependant M. Mauduit a remarqué qu'on peut demander l'expression de la partie entière. Il s'est proposé ce problême, et il l'a résolu dans sa *Trigonométrie sphérique*, édition de 1765, n°s. 219, 223, 224, 227; mais il avoue aussitôt (n°. 219) que cette expression est trop compliquée, et qu'elle n'est d'aucun usage dans la pratique.

C'est ce même problême que j'ai repris et résolu : je donne à la partie inconnue une expression aussi simple que celle de chaque segment; j'y parviens par une route aussi courte que celle qui mène aux deux segments. Cette route, désirée pour les calculs, et favorable aux logarithmes, consiste à procéder par une suite de proportions, et à éviter les sommes et les différences. J'avertis quand la partie inconnue a deux valeurs, et quand elle n'en a qu'une; ce qui n'a pas été dévelopé suffisamment jusqu'ici. Je donne séparément chacune des deux racines.

Je

Je détermine surabondamment, par une proportion particulière, un autre angle qui est la somme ou la différence des deux racines. J'enseigne à distinguer et à reconnoître si c'est une somme ou une différence, mais après que chaque racine est déjà trouvée : mon but principal est de ne jamais employer une somme ou une différence d'arcs, soit connus, soit inconnus, pour amener une solution. C'est ce symptôme qui constitue mes nouvelles formules, et qui caractérise leur différence avec les anciennes.

Soit que les astronomes adoptent ces formules, soit qu'ils continuent de diviser le triangle proposé en deux triangles rectangles, il sera toujours vrai de dire qu'il est à propos de multiplier les méthodes et les formules. Chaque formule a son utilité particulière, et mérite la préférence sur toutes les autres quand elle est apliquée convenablement. Souvent un problême n'attend pour être résolu qu'une formule propre à cet usage ; souvent une formule résoud des problêmes que l'auteur de la formule n'a ni prévus, ni connus. Enfin, toute spéculation géométrique a un mérite et un intérêt intrinsèques indépendamment de toute utilité. Les géomètres ne liront pas sans intérêt et sans satisfaction l'énumération de toutes les manières dont les parties aiguës ou obtuses peuvent être associées dans un triangle sphérique obliquangle, et cette relation secrète qui n'avoit pas encore été aperçue et analysée entre les propriétés d'un triangle sphérique et celles d'une ellipse. Ce sont de nouvelles lumières et une nouvelle richesse ajoutées à la trigonométrie sphérique.

TABLE

DES

PROBLÈMES DE TRIGONOMÉTRIE SPHÉRIQUE.

N°. 55. Étant donnés deux angles *B* et *C* avec le côté *AB*, oposé à l'angle *C*, déterminer le côté *BC*, apuyé sur les angles *B* et *C*.

Nota. Il ne faut point de méthode quand le problême se résoud par la proportion entre les *sinus* des angles et les *sinus* des côtés oposés.

USAGES DE L'ELLIPSE

DANS

LA TRIGONOMÉTRIE SPHÉRIQUE.

CHAPITRE PREMIER.

DES PROBLÊMES INDÉPENDANS DE L'ELLIPSE.

ARTICLE PREMIER.

Discussion de l'équation r². cos. AB = r. cos. AC. cos. BC + cos. C. sin. AC. sin. BC.

1. Si un terme de cette équation devient nul, l'équation est réduite à deux termes, et n'a besoin d'aucune discussion ; ce qu'il faut apliquer à toute équation de trois termes. Dans les autres cas, je donne à la proposée la forme suivante : $r^3 = cos. AB. sec. AC. sec. BC - cos. C. tang. AC. tang. BC.$ Ces signes suposent que les quatre parties sont aiguës : la partie qui devient obtuse change de signe. Dans le second membre, les signes des deux termes ne sont susceptibles que de trois combinaisons : on peut avoir 1° $r^3 = + -$, 2° $r^3 = - +$; 3° $r^3 = + +$; une combinaison qui donneroit $r^3 = - -$ seroit impossible. Je supose l'angle C, et chacun des trois côtés alternativement aigus et obtus, et je remarque à quelle

combinaison chaque supposition donne lieu : de cette énumération, je conclus que dans un triangle sphérique *ABC*, si les quatre parties comparées sont l'angle *C* et les trois côtés, les parties aiguës et obtuses sont nécessairement distribuées comme il suit :

aigus.	*Première combinaison.*	obtus.
AB, *AC*, *BC*, *C*	....	o
AB, *C*	....	*AC*, *BC*
BC	....	*AB*, *AC*, *C*
AC	....	*AB*, *BC*, *C*

aigus.	*Seconde combinaison.*	obtus.
o	....	*AB*, *AC*, *BC*, *C*
AC, *BC*	....	*AB*, *C*
AB, *AC*, *C*	....	*BC*
AB, *BC*, *C*	....	*AC*

aigus.	*Troisième combinaison.*	obtus.
AB, *AC*, *BC*	....	*C*
BC, *C*	....	*AB*, *AC*
AC, *C*	....	*AB*, *BC*
AB	....	*AC*, *BC*, *C*

aigus.	*Combinaison impossible.*	obtus.
C	....	*AB*, *AC*, *BC*
AB, *AC*	....	*BC*, *C*
AB, *BC*	....	*AC*, *C*
AC, *BC*, *C*	....	*AB*

2. Si je connois trois de ces parties, je lis sur cette table l'espèce de la quatrième. Si, dans le second membre de l'équation, un terme est positif et l'autre négatif, j'égale le terme positif à $r. sec^2, \xi$, et le

terme négatif à $r. tang^2. \xi$: s'ils sont tous deux positifs, j'égale l'un à $r. sin^2. \xi$, et l'autre à $r. cos^2. \xi$. Cela me donne une relation entre C et AB. Ainsi, pour la première combinaison, je fais $cos. AB. sec. AC. sec. BC = r. sec^2. \xi$, et $cos. C. tang. AC. tang. BC = r. tang^2. \xi$; pour la seconde combinaison, je fais $cos. C. tang. AC. tang. BC = r. sec^2. \xi$, et $cos. AB. sec. AC. sec. BC = r. tang^2. \xi$; pour la troisième combinaison, je fais $cos. AB. sec. AC. sec. BC = r. sin^2. \xi$, et $cos. C. tang. AC. tang. BC = r. cos^2. \xi$. Ces constructions me fournissent les solutions suivantes.

3. Prob. Etant donnés deux côtés AC, BC avec l'angle compris C, déterminer le troisième côté AB.

Première combinaison. Sol. Faites $r : cos. C :: tang. AC. tang. BC : tang^2. \xi$, et $cos^2. \xi : cos. AC. cos. BC :: r : cos. AB$.

Seconde combinaison. Sol. Faites $cos. C : r :: cot. AC : cot. BC : cos^2. \xi$, et $cot^2. \xi : cos. AC. cos. BC :: r : cos. AB$.

Troisième combinaison. Sol. Faites $r : cos. C :: tang. AC. tang. BC : cos^2. \xi$, et $r^2 : sin^2. \xi :: cos. AC. cos. BC : r. cos. AB$.

4. Prob. Etant donnés les trois côtés, déterminer un angle C. Voyez n°. 32.

Première combinaison. Sol. Faites $cos. AB : r :: cos. AC. cos. BC : cos^2 \xi$, et $tang. AC. tang. BC : tang^2. \xi :: r : cos. C$.

Seconde combinaison. Sol. Faites $cos. AB : r :: cos. AC. cos. BC : cot^2. \xi$, et $cos^2. \xi : cot. AC. cot. BC :: r : cos. C$.

Troisième combinaison. Sol. Faites $cos. AC. cos. BC : r. cos. AB :: r^2 : sin^2. \xi$, et $tang. AC. tang. BC : cos^2. \xi :: r : cos. C$.

5. Exemple I. Soit $AC = 41° 9' 50''$, $BC = 123° 55' 10''$, $C = 16° 10'$, et cherchons AB. J'ai AC et C aigus avec BC obtus : je suis donc dans la seconde combinaison si AB est aigu, et dans la troisième si AB est obtus. La seconde combinaison donne $\xi = 26° 30' 30''$, et $AB = 84°$: la troisième donne $cos. \xi > r$, et conséquemment ne donne rien.

6. Exemple II. Soit $AC = 41° 9' 50''$, $BC = 43° 52' 20''$,

$C = 163° 50'$, et cherchons AB. J'ai AC et BC aigus avec C obtus : e suis dans la seconde combinaison si AB est obtus, et dans la troisième si AB est aigu. La seconde combinaison donne $cos. \xi > r$, et conséquemment ne donne rien ; la troisième donne $\xi = 26° 2' 10''$, et $AB = 84°$.

7. Exemple III. Soit $AB = 41° 9' 50''$, $AC = 96° 50'$, $BC = 90°$, on a $sin. BC = r$, et $cos. BC = 0$: l'équation devient $r. cos. AB = cos. C. sin. AC$, et donne $C = 40° 42'$.

8. Exemple IV. Soit $AB = 41° 9' 50''$, $AC = 96° 50''$, $BC = 108°$, et cherchons C. J'ai AB aigu avec AC et BC obtus. Je suis dans la première combinaison si C est aigu, et dans la troisième si C est obtus. La première combinaison donne $\xi = 77° 14'$, et $C = 40° 42'$: la troisième donne $sin. \xi > r$, et conséquemment ne donne rien.

ARTICLE II.

Discussion de l'équation $r^2. cos. A = sin. B. sin. C. cos. BC - r. cos. B. cos. C.$

9. Je lui donne la forme suivante : $r^3 = tang. B. tang. C. cos. BC - cos. A. sec. B. sec. C.$ La combinaison des signes me fournit la table ci-jointe.

aigus.	*Première combinaison.*	obtus.
A, B, C, BC	....	0
A, BC	....	B, C
C	....	A, B, BC
B	....	A, C, BC

aigus.	*Seconde combinaison.*	obtus.
0	....	A, B, C, BC
B, C	....	A, BC
A, B, BC	....	C
A, C, BC	....	B

aigus.

aigus.	*Troisième combinaison.*	obtus.
BC	....	*A, B, C*
A, B	....	*BC, C*
A, C	....	*BC, B*
B, C, BC	....	*A*

aigus.	*Combinaison impossible.*	obtus.
A, B, C	....	*BC*
BC, C	....	*A, B*
BC, B	....	*A, C*
A	....	*B, C, BC*

10. Pour la première combinaison, je fais $tang.\ B.\ tang.\ C.\ cos.\ BC = r.\ sec^2.\ \xi$, et $cos.\ A.\ sec.\ B.\ sec.\ C = r.\ tang^2\ \xi$; pour la seconde combinaison, je fais $cos.\ A.\ sec.\ B.\ sec.\ C = r.\ sec^2.\ \xi$; et $tang.\ B.\ tang.\ C\ cos.\ BC = r.\ tang^2.\ \xi$; pour la troisième combinaison, je fais $tang.\ B.\ tang.\ C.\ cos.\ BC = r.\ sin^2.\ \xi$, et $cos.\ A.\ sec.\ B.\ sec.\ C = r.\ cos^2.\ \xi$. Cette analyse résoud les problêmes suivans.

11. Prob. Etant donnés deux angles B et C avec le côté compris BC, déterminer le troisième angle A.

Première combinaison. Sol. Faites $cos.\ BC : r :: cot.\ B.\ cot.\ C : cos^2.\ \xi$; et $cot^2.\ \xi : cos.\ B.\ cos.\ C :: r : cos.\ A$.

Seconde combinaison. Sol. Faites $r : cos.\ BC :: tang.\ B.\ tang.\ C : tang^2.\ \xi$, et $cos^2.\ \xi : cos.\ B.\ cos.\ C :: r : cos.\ A$.

Troisième combinaison. Sol. Faites $r : cos.\ BC :: tang.\ B.\ tang.\ C : sin^2.\ \xi$, et $r^2 : cos^2.\ \xi :: cos.\ B.\ cos.\ C : r.\ cos.\ A$.

12. Prob. Etant donnés les trois angles, déterminer un côté BC. Voyez n°. 42.

Première combinaison. Sol. Faites $cos.\ A : r :: cos.\ B.\ cos.\ C : cot^2.\ \xi$, et $cos^2.\ \xi : cot.\ B.\ cot.\ C :: r : cos.\ BC$.

Seconde combinaison. Sol. Faites $\cos. A : r :: \cos. B . \cos. C : \cos^2. \xi$, et $\tang. B . \tang. C : \tang^2. \xi :: r : \cos. BC$.

Troisième combinaison. Sol. Faites $\cos. B . \cos. C : r . \cos. A :: r^2 : \cos^2. \xi$, et $\tang. B . \tang. C : \sin^2. \xi :: r : \cos. BC$.

13. Exemple. Soit $A = 11° 11' 20''$, $B = 10° 37' 10''$, $C = 163° 50'$, et cherchons BC. J'ai A et B aigus avec C obtus : je suis dans la seconde combinaison si BC est aigu, et dans la troisième si BC est obtus. La seconde combinaison donne $\xi = 11° 11' 50''$, et $BC = 43° 52' 20''$: la troisième donne $\cos. \xi > r$, et conséquemment ne donne rien.

ARTICLE III.

Discussion de l'équation cos. BC. cos. B = sin. BC. cot. AB — sin. B. cot. C.

14. Je lui donne la forme suivante : $r^2 = \tang. BC . \cot. AB . \sec. B - \tang. B . \sec. BC . \cot. C$. La combinaison des signes me fournit la table ci-jointe.

aigus.	*Première combinaison.*	obtus.
AB, BC, B, C	....	o
AB, C	....	BC, B
B	....	AB, BC, C
BC	....	AB, B, C

aigus.	*Seconde combinaison.*	obtus.
o	....	AB, BC, B, C
BC, B	....	AB, C
AB, BC, C	....	B
AB, B, C	....	BC

aigus.	*Troisième combinaison.*	obtus.
AB, BC, B		*C*
BC, C		*AB, B*
B, C		*AB, BC*
AB		*BC, B, C*

aigus.	*Combinaison impossible.*	obtus.
C		*AB, BC, B*
AB, B		*BC, C*
AB, BC		*B, C*
BC, B, C		*AB*

15. Pour la première combinaison, je fais $tang.\ BC.\ cot.\ AB.\ sec.\ B = r.\ sec^2.\ \xi$, et $tang.\ B.\ cot.\ C.\ sec.\ BC = r.\ tang^2.\ \xi$; pour la seconde combinaison, je fais $tang.\ B.\ cot.\ C.\ sec.\ BC = r.\ sec^2.\ \xi$, et $tang.\ BC.\ cot.\ AB.\ sec.\ B = r.\ tang^2.\ \xi$; pour la troisième combinaison, je fais $tang.\ BC.\ cot.\ AB.\ sec.\ B = r.\ sin^2.\ \xi$, et $tang.\ B.\ cot.\ C.\ sec.\ BC = r.\ cos^2.\ \xi$. Cela me donne une relation entre *AB* et *C*, et résoud les problêmes suivans :

16. PROB. Etant donnés deux côtés *AB*, *BC* avec un angle compris *B*, déterminer un angle *C* opposé au côté *AB*. *Voy*. n°. 49.

Première combinaison. SOL. Faites $tang.\ BC : tang.\ AB :: r.\ cos.\ B : cos^2.\ \xi$, et $r.\ cos.\ BC : cot^2.\ \xi :: tang.\ B : tang.\ C$.

Seconde combinaison. SOL. Faites $tang.\ BC : tang.\ AB :: r.\ cos.\ B : cot^2.\ \xi$, et $r.\ cos.\ BC : cos^2.\ \xi :: tang.\ B : tang.\ C$.

Troisième combinaison. SOL. Faites $cos.\ B : cot.\ AB :: r.\ tang.\ BC : sin^2.\ \xi$, et $tang.\ B : cos.\ BC :: cos^2.\ \xi : r.\ cot.\ C$.

17. PROB. Etant donnés deux angles *B* et *C* avec le côté compris *BC*, déterminer le côté *AB* opposé à l'angle *C*. *Voy*. n°. 56.

Première combinaison. Sol. Faites *tang. B* : *tang. C* :: *r. cos. BC* : *cot*². ξ, et *r. cos. B* : *cos*². ξ :: *tang. BC* : *tang. AB*.

Seconde combinaison. Sol. Faites *tang. B* : *tang. C* :: *r. cos. BC* : *cos*². ξ, et *r. cos. B* : *cot*². ξ :: *tang. BC* : *tang. AB*.

Troisième combinaison. Sol. Faites *cos. BC* : *tang. B* :: *r. cot. C* : *cos*². ξ, et *r. tang. BC* : *sin*². ξ :: *cos. B* : *cot. AB*.

18. Exemple. Soit $AB = 84°$, $BC = 43° 52' 20''$, $B = 10° 37' 10''$, et cherchons *C*. J'ai *AB*, *BC*, et *B* aigus : je suis dans la première combinaison si *C* est aigu, et dans la troisième si *C* est obtus. La première combinaison donne $cos.\ \xi > r$, et conséquemment ne donne rien : la troisième donne $\xi = 18° 42' 10''$, et $C = 163° 50'$.

CHAPITRE II.

PROPRIÉTÉS DE L'ELLIPSE.

19. Soit r le sinus total, et à la fois le demi grand axe d'une ellipse, $sin.\ \gamma$ le demi petit axe, $cos.\ \gamma$ la demie excentricité, z l'angle du grand axe avec le rayon vecteur partant du foyer, m l'angle du grand axe avec la tangente à l'ellipse, n l'angle de la tangente à l'ellipse avec le rayon vecteur, φ l'arc de l'excentrique, on aura

1°. $r.\ cos.\ z + sin.\ z.\ tang.\ m - r.\ cos.\ \gamma = 0.$

2°. $r.\ cos.\ z + sin.\ z.\ tang.\ n - r.\ sec.\ \gamma = 0.$

3°. $r.\ cos.\ n = cos.\ \gamma.\ cos.\ m.$

4°. $r.\ sin.\ \varphi = tang.\ \gamma.\ cot.\ n.$

5°. $r.\ tang.\ \varphi = sin.\ \gamma.\ cot.\ m.$

6°. $r.\ sin.\ m = sin.\ n.\ cos.\ \varphi.$

7°. $r.\ tang.\ \tfrac{1}{2} z = tang.\ \tfrac{1}{2}\gamma.\ {}^{tang.}_{cot.}\ \tfrac{1}{2}.\ \varphi.$

20. La première et la seconde équations représentent toute équation qui ne contient $sin.\ z$ et $cos.\ z$ qu'au premier degré, et sans mélange, suivant que le dernier terme est plus petit ou plus grand que le sinus total.

Solution de l'equation $r.\ cos.\ z + sin.\ z.\ tang.\ m - r.\ cos.\ \gamma = 0.$

Faites $r : cot.\ m :: sin.\ \gamma : tang.\ \varphi$, et $r : tang.\ \tfrac{1}{2}\gamma :: {}^{tang.}_{cot.}\ \tfrac{1}{2}\varphi : tang.\ \tfrac{1}{2} z.$

Solution de l'équation r. cos. z + sin. z. tang. n — r. sec. $\gamma = 0$.

Faites $r : cot.\ n :: tang.\ \gamma : sin.\ \varphi$, et $r : tang.\ \frac{1}{2}\gamma :: \frac{tang.}{cot.}\ \frac{1}{2}\varphi : tang.\ \frac{1}{2} z$.

21. Quand on a $cos.\ \gamma = sec.\ \gamma = r$, les équations à résoudre deviennent $tang.\ m = tang.\ n = cosec.\ z - cot.\ z = tang.\ \frac{1}{2} z$; donc alors $m = n = \frac{1}{2} z$.

22. Quand m, n, ou γ est obtus, il faut avoir égard aux changemens qui en résultent, soit pour le signe des termes, soit pour l'espèce des angles.

23. Ces équations ont chacune deux racines, parce que dans la seconde proportion on emploie successivement $tang.\ \frac{1}{2}\varphi$ et $cot.\ \frac{1}{2}\varphi$. Soit z la première racine et ζ la seconde, on aura $r.\ tang.\ \frac{1}{2} z = tang.\ \frac{1}{2}.\ \gamma\ tang.\ \frac{1}{2}\varphi$, et $r.\ tang.\ \frac{1}{2}\zeta = tang.\ \frac{1}{2}\gamma.\ cot.\ \frac{1}{2}\varphi$; de là je conclus que $cot.\ (\frac{1}{2} z - \frac{1}{2}\zeta) = \frac{r.\ tang.\ \varphi}{sin.\ \gamma} = cot.\ m$, et que $cot.\ (\frac{1}{2} z + \frac{1}{2}\zeta) = \frac{r.\ sin.\ \varphi}{tang\ \gamma} = cot.\ n$. Donc dans la première équation m est la demie différence des racines, et dans la seconde n est leur demie somme.

24. Si on prend m ou n pour la quantité inconnue, les proportions du n°. 20 donnent $tang.\ \frac{1}{2}\gamma : tang.\ \frac{1}{2} z :: r : \frac{tang.}{cot.}\ \frac{1}{2}\varphi$, et $sin.\ \gamma : tang.\ \varphi :: r : cot.\ m$, ou $tang.\ \gamma : sin.\ \varphi :: r : cot.\ n$. On ne trouve pour m ou pour n qu'une seule racine, et non pas deux, quoique dans la première proportion on emploie indifféremment $tang.\ \frac{1}{2}\varphi$ et $cot.\ \frac{1}{2}\varphi$. La raison en est que si deux demis angles sont complémens l'un de l'autre, les angles mêmes sont suplémens l'un de l'autre, et conséquemment ont le même sinus et la même tangente; donc il n'en résulte aucun changement pour la seconde proportion.

25. Puisque $n = \frac{1}{2} z + \frac{1}{2}\zeta$, et $m = \frac{1}{2} z - \frac{1}{2}\zeta$, on a $n + m = z$ et $n - m = \zeta$; ce qui est d'ailleurs évident par la définition même

des angles m, n, z, et γ. Donc l'équation (n°. 19) $r.\ cos.\ n = cos.\ \gamma.\ cos.\ m$ devient $r.\ cos.\ (z - m) = cos.\ \gamma.\ cos.\ m$, ou $r.\ cos.\ n = cos.\ \gamma.\ cos.\ (z - n)$. Si on prend γ pour la quantité inconnue, on donne z avec m ou n : donc on a $cos.\ m : cos.\ (z - m) :: r : cos.\ \gamma$ ou $cos.\ (z - n) : cos.\ n :: r : cos.\ \gamma$.

26. Si j'ai à résoudre l'équation $a.\ sin^2.\ z + b.\ sin.\ z.\ cos.\ z + c.\ cos^2.\ z - gr^2 = 0$, je substitue, 1°. $\frac{1}{2}.\ (r - cos.\ 2z)$ à $sin^2.\ z$, 2°. $\frac{r}{2}.\ (r + cos.\ 2z)$ à $cos^2.\ z$, 3°. $\frac{r}{2}.\ sin.\ 2z$ à $sin.\ z.\ cos.\ z$, la proposée devient $(a - c).\ cos.\ 2z - b.\ sin.\ 2z = r.\ (a + c - 2g)$; ce qui la ramène à l'un des deux modèles du n°. 20.

CHAPITRE III.

APLICATION DE L'ELLIPSE AUX TRIANGLES SPHÉRIQUES.

ARTICLE PREMIER.

Discussion de l'équation $r^2 . \cos. AB = r . \cos. AC . \cos. BC + \cos. C . \sin. AC . \sin. BC$.

Premier cas lorsque cos. AC > cos. AB.

27. Je fais $r. \cos. AB = \cos. AC. \cos. \gamma$, $\cos. C. \mathrm{tang}. AC = r. \mathrm{tang}. m$, et $BC = z$: l'équation devient $r. \cos. z + \sin. z. \mathrm{tang}. m - r. \cos. \gamma = 0$. Donc pour la résoudre relativement à z (n°, 20), il faut faire, 1°. $\cos. AC : \cos. AB :: r : \cos. \gamma$; 2°. $\cos. C : \cot. AC :: \sin. \gamma : \mathrm{tang}. \varphi$, 3°. $r : \mathrm{tang}. \frac{1}{2} \gamma :: \begin{smallmatrix}\mathrm{tang.}\\ \mathrm{cot.}\end{smallmatrix} \frac{1}{2} \varphi : \mathrm{tang}. \frac{1}{2} BC$.

La demie différence des racines est donnée (n°. 23) par la proportion $r : \cos. C :: \mathrm{tang}. AC : \mathrm{tang}. \frac{1}{2}(BC - bc)$.

Si c'est l'angle C qu'on veuille conclure du côté BC, on a (n°. 24), 1°. $\cos. AC : \cos. AB :: r : \cos. \gamma$, 2°. $\mathrm{tang}. \frac{1}{2} \gamma : \mathrm{tang}. \frac{1}{2} BC :: r : \begin{smallmatrix}\mathrm{tang.}\\ \mathrm{cot.}\end{smallmatrix} \frac{1}{2} \varphi$, 3°. $\mathrm{tang}. \varphi : \sin. \gamma :: \cot. AC : \cos. C$.

Second cas lorsque cos. AB > cos. AC.

28. Je fais $r. \cos. AC = \cos. AB. \cos. \gamma$, $\cos. C. \mathrm{tang}. AC = r. \mathrm{tang}. n$, et $BC = z$; l'équation devient $r. \cos. z + \sin. z. \mathrm{tang}. n - r. \sec. \gamma = 0$. Donc pour la résoudre relativement à z, il faut faire,

1°.

1°. *cos. AB* : *cos. AC* : : *r* : *cos.* γ, 2°. *cos. C* : *cot. AC* : : *tang.* γ : *sin.* φ, 3°. *r* : *tang.* $\frac{1}{2}\gamma$: : $\frac{tang.}{cot.}$ $\frac{1}{2}\varphi$: *tang.* $\frac{1}{2}$ *BC*.

La demie somme des racines est donnée par la proportion *r* : *cos. C* : : *tang. AC* : *tang.* $\frac{1}{2}$ (*BC* + *bc*).

Si c'est l'angle *C* qu'on veuille conclure du côté *BC*, on a 1°. *cos. AB* : *cos. AC* : : *r* : *cos.* γ, 2°. *tang.* $\frac{1}{2}\gamma$: *tang.* $\frac{1}{2}$ *BC* : : *r* : $\frac{tang.}{cot.}$ $\frac{1}{2}\varphi$, 3°. *sin.* φ : *tang.* γ : : *cot. AC* : *cos. C*.

Troisième cas lorsque cos. AB = cos. AC.

29. L'équation (n°. 21) devient *cos. C. tang. AC* = *r. tang.* $\frac{1}{2}$ *BC*.

30. Quand *AB* et *AC* sont de même espèce, γ est aigu; quand ils sont d'espèce différente (n°. 22), γ est obtus; φ est indifféremment (n°. 24) aigu ou obtus. Cette discussion résoud les problêmes suivans.

31. Prob. Etant donnés deux côtés *AB*, *AC* avec un angle *C* opposé au côté *AB*, déterminer le troisième côté *BC*.

Premier cas lorsque cos. AC > cos. AB.

Sol. Faites 1°. *cos. AC* : *cos. AB* : : *r* : *cos.* γ, 2°. *cos. C* : *cot. AC* : : *sin.* γ : *tang.* φ, 3°. *r* : *tang.* $\frac{1}{2}\gamma$: : $\frac{tang.}{cot.}$ $\frac{1}{2}\varphi$: *tang.* $\frac{1}{2}$ *BC*.

La demie différence des racines est donnée par la proportion *r* : *cos. C* : : *tang. AC* : *tang.* $\frac{1}{2}$ (*BC* — *bc*).

Second cas lorsque cos. AB > cos. AC.

Sol. Faites 1°. *cos. AB* : *cos. AC* : : *r* : *cos.* γ, 2°. *cos. C* : *cot. AC* : : *tang.* γ : *sin.* φ, 3°. *r* : *tang.* $\frac{1}{2}\gamma$: : $\frac{tang.}{cot.}$ $\frac{1}{2}\varphi$: *tang.* $\frac{1}{2}$ *BC*.

La demie somme des racines est donnée par la proportion *r* : *cos. C* : : *tang. AC* : *tang.* $\frac{1}{2}$ (*BC* + *bc*).

Troisième cas lorsque cos. AB = cos. AC.

Sol. Faites *r* : *cos. C* : : *tang. AC* : *tang.* $\frac{1}{2}$ *BC*.

32. Prob. Etant donnés les trois côtés, déterminer un angle C. *Voyez* n°. 4.

Premier cas lorsque $\cos. AC > \cos. AB$.

Sol. Faites 1°. $\cos. AC : \cos. AB :: r : \cos. \gamma$, 2°. $\text{tang.} \frac{1}{2} \gamma : \text{tang.} \frac{1}{2} BC :: r : \frac{\text{tang.}}{\text{cot.}} \frac{1}{2} \varphi$, 3°. $\text{tang.} \varphi : \sin. \gamma :: \cot. AC : \cos. C$.

Second cas lorsque $\cos. AB > \cos. AC$.

Sol. Faites 1°. $\cos. AB : \cos. AC :: r : \cos. \gamma$, 2°. $\text{tang.} \frac{1}{2} \gamma : \text{tang.} \frac{1}{2} BC :: r : \frac{\text{tang.}}{\text{cot.}} \frac{1}{2} \varphi$, 3°. $\sin. \varphi : \text{tang.} \gamma :: \cot. AC : \cos. C$.

Troisième cas lorsque $\cos. AB = \cos. AC$.

Sol. Faites $\text{tang.} AC : \text{tang.} \frac{1}{2} BC :: r : \cos. C$.

33. Exemple I. Soit $AB = 84°$, $AC = 41° 9' 50''$, $C = 16° 10''$, et cherchons BC. Parce que $\cos. AC > \cos. AB$, je suis dans le premier cas, et parce que AB et AC sont de même espèce, γ (n°. 30) est aigu. La première proportion donne $\gamma = 82° 1' 10''$, et $\frac{1}{2} \gamma = 41° 0' 35''$; la seconde proportion donne $\varphi = 49° 42' 10''$, et $\frac{1}{2} \varphi = 24° 51' 5''$; la troisième proportion donne $\frac{1}{2} BC = 61° 57' 35''$, et $\frac{1}{2} BC = 21° 56' 10''$. Donc les deux valeurs de BC sont $123° 55' 10''$, et $43° 52' 20''$. On trouve $40° 1' 25''$ pour demie différence des racines, et $80° 2' 50''$ pour différence.

Pour vérifier cette solution, je supose $AB = 84°$, $AC = 41° 9' 50''$, et $BC = 123° 55' 10''$, et je trouve effectivement $C = 16° 10'$; mais si je supose $AB = 84°$, $AC = 41° 9' 50''$, et $BC = 43° 52' 20''$, je trouve $C = \text{supl.}\ 16° 10' = 163° 50'$. Cela vient de ce que $\text{tang.} \frac{1}{2} \varphi$ et $\cot. \frac{1}{2} \varphi$ ont la même valeur (n°. 24), soit que je fasse $C = 16° 10'$, ou $C = 163° 50'$.

34. Exemple II. Soit $AB = 41° 9' 50''$, $AC = 96° 50'$, $C = 40° 42'$, et cherchons BC. Parce que $\cos. AB > \cos. AC$, je suis

dans le second cas, et parce que AB et AC sont d'espèce différente, γ (n°. 30) est obtus. La première proportion donne $\gamma = 99° 5' 40''$, et $\frac{1}{2}\gamma = 49° 32' 50''$; la seconde proportion donne $\varphi = 80° 54' 20''$, et $\frac{1}{2}\varphi = 40° 27' 10''$. Puisque $\frac{1}{2}\varphi$ est complément de $\frac{1}{2}\gamma$, on a $tang. \frac{1}{2}\gamma. tang. \frac{1}{2}\varphi = tang. \frac{1}{2}\gamma. cot. \frac{1}{2}\gamma = r^2 = r. tang. \frac{1}{2} BC$; donc $tang. \frac{1}{2} BC = r = tang. 45°$; donc une des valeurs de BC est 90°. La seconde valeur est donnée par l'équation $tang. \frac{1}{2}\gamma. cot. \frac{1}{2}\varphi = tang^2. \frac{1}{2}\gamma = r. tang. \frac{1}{2} BC$; donc $\frac{1}{2} BC = 54°$, et $BC = 108°$. On trouve 99° pour la demie somme des racines, et 198° pour la somme. C est aigu pour les deux valeurs de BC.

35. Exemple III. Soit $AB = 84°$, $AC = 41° 9' 50''$, $BC = 123° 55' 10''$, et $\frac{1}{2} BC = 61° 57' 35''$, et cherchons C. La première proportion donne $\gamma = 82° 1' 10''$, et $\frac{1}{2}\gamma = 41° 0' 35''$; la seconde proportion donne $\frac{1}{2}\varphi = 24° 51' 5''$, et $\frac{1}{2}\varphi = 65° 8' 55''$; donc $\varphi = 49° 42' 10''$, ou $\varphi = 130° 17' 50''$; la troisième proportion donne $C = 16° 10'$.

36. Exemple IV. Soit $AB = 41° 9' 50''$, $AC = 96° 50'$, $BC = 108°$, $\frac{1}{2} BC = 54°$, et cherchons C. La première proportion donne $\gamma = 99° 5' 40''$, et $\frac{1}{2}\gamma = 49° 32' 50''$; la seconde proportion donne $\frac{1}{2}\varphi = 40° 27' 10''$, et $\frac{1}{2}\varphi = 49° 32' 50''$; donc $\varphi = 80° 54' 20''$, ou $\varphi = 99° 5' 40''$; la troisième proportion donne $C = 40° 42'$.

ARTICLE II.

Discussion de l'équation $r^2. \cos. A = \sin. B. \sin. C. \cos. BC - r. \cos. B. \cos. C.$

Premier cas lorsque $\cos. B > \cos. A$.

37. Je fais $r. cos. A = cos. B. cos. \gamma$, $cos. BC. tang. B = r. tang. m$, et $C = z$: l'équation devient $r. cos. z - sin. z. tang. m + r. cos. \gamma = 0$.

Second cas lorsque cos. A > cos. B.

38. Je fais *r. cos. B* = *cos. A. cos.* γ, *cos. BC. tang. B* = *r. tang. n*, et *C* = *z* : l'équation devient *r. cos. z* — *sin. z. tang. n* + *r. sec.* γ = 0.

Troisième cas lorsque cos. A = cos. B.

39. L'équation (n°. 21) devient *cos. BC. tang. B* = *r. tang.* $\frac{1}{2}$ *C*.

40. Si les angles *A* et *B* sont de même espèce, γ est obtus : s'ils sont d'espèce différente, γ est aigu. La supposition primitive est aussi que *B* et *BC* soient d'espèce différente ; mais peu importe pour l'espèce de l'angle φ, qui est (n°. 24) indifféremment aigu ou obtus : $\frac{1}{2}$ *C* est toujours aigu. Cette discussion résoud les problêmes suivans.

41. Prob. Etant donnés deux angles *A* et *B* avec un côté *BC* oposé à l'angle *A*, déterminer le troisième angle *C*.

Premier cas lorsque cos. B > cos. A.

Sol. Faites 1°. *cos. B* : *cos. A* :: *r* : *cos.* γ, 2°. *cos. BC* : *cot. B* :: *sin.* γ : *tang.* φ, 3°. *r* : *tang.* $\frac{1}{2}\gamma$ :: $\frac{tang.}{cot.}$ $\frac{1}{2}\varphi$: *tang.* $\frac{1}{2}$ *C*.

La demie différence des racines est donnée par la proportion *r* : *cos. BC* :: *tang. B* : *tang.* $\frac{1}{2}$ (*C* — *c*).

Second cas lorsque cos. A > cos. B.

Sol. Faites 1°. *cos. A* : *cos. B* :: *r* : *cos.* γ, 2°. *cos. BC* : *cot. B* :: *tang.* γ : *sin.* φ, 3°. *r* : *tang.* $\frac{1}{2}\gamma$ :: $\frac{tang.}{cot.}$ $\frac{1}{2}\varphi$: *tang.* $\frac{1}{2}$ *C*.

La demie somme des racines est donnée par la proportion *r* : *cos. BC* :: *tang. B* : *tang.* $\frac{1}{2}$ (*C* + *c*).

Troisième cas lorsque cos. A = cos. B.

Sol. Faites *r* : *cos. BC* :: *tang. B* : *tang.* $\frac{1}{2}$ *C*.

42. PROB. Étant donnés les trois angles, déterminer un côté *BC*. *Voyez* n°. 12.

Premier cas lorsque cos. B > cos. A.

SOL. Faites 1°. *cos. B* : *cos. A* :: *r* : *cos.* γ, 2°. *tang.* $\frac{1}{2}\gamma$: *tang.* $\frac{1}{2}$ *C* :: *r* : $\frac{tang.}{cot.}$ $\frac{1}{2}\varphi$, 3°. *tang.* φ : *sin.* γ :: *cot. B* : *cos. BC*.

Second cas lorsque cos. A > cos. B.

SOL. Faites 1°. *cos. A* : *cos. B* :: *r* : *cos.* γ, 2°. *tang.* $\frac{1}{2}\gamma$: *tang.* $\frac{1}{2}$ *C* :: *r* : $\frac{tang.}{cot.}$ $\frac{1}{2}\varphi$, 3°. *sin.* φ : *tang.* γ :: *cot. B* : *cos. BC*.

Troisième cas lorsque cos. A = cos. B.

SOL. Faites *tang. B* : *tang.* $\frac{1}{2}$ *C* :: *r* : *cos. BC*.

43. EXEMPLE. Soit *A* = 11° 11′ 20″, *B* = 10° 37′ 10″, *BC* = 43° 52′ 20″, et cherchons *C*. Parce que *cos. B* > *cos. A*, je suis dans le premier cas, et parce que les angles *A* et *B* sont de même espèce, γ (n°. 40) est obtus. La première proportion donne γ = 176° 27′ 20″, et $\frac{1}{2}\gamma$ = 88° 13′ 40″; la seconde proportion donne φ = 24° 34′ 44″, et $\frac{1}{2}\varphi$ = 12° 17′ 22″; la troisième proportion donne $\frac{1}{2}$ *C* = 81° 55′, et $\frac{1}{2}$ *C* = 89° 36′ 50″. Donc les deux valeurs de *C* sont 163° 50′, et 179° 13′ 40″. On trouve 7° 41′ 50″ pour demie différence des racines, et 15° 23′ 40″ pour différence.

Pour vérifier cette solution, je supose *A* = 11° 11′ 20″, *B* = 10° 37′ 10″, et *C* = 163° 50′, et je trouve effectivement *BC* = 43° 52′ 20″; mais si je supose *A* = 11° 11′ 20″, *B* = 10° 37′ 10″, et *C* = 179° 13′ 40″, je trouve *BC* = *supl.* 43° 52′ 20″ = 136° 7′ 40″.

ARTICLE III.

Discussion de l'équation $\cos. BC. \cos. B = \sin. BC. \cot. AB - \sin. B. \cot. C.$

Premier cas lorsque $\text{tang}. AB > \text{tang}. BC.$

44. Je fais $r. \text{tang}. BC = \text{tang}. AB. \cos. \gamma$, $r. \cot. C = \cos. BC. \text{tang}. m$, et $B = z$: l'équation devient $r. \cos. z + \sin. z. \text{tang}. m - r. \cos. \gamma = 0$.

Second cas lorsque $\text{tang}. BC > \text{tang}. AB.$

45. Je fais $r. \text{tang}. AB = \text{tang}. BC. \cos. \gamma$, $r. \cot. C = \cos. BC. \text{tang}. n$, et $B = z$: l'équation devient $r. \cos. z + \sin. z. \text{tang}. n - r. \sec. \gamma = 0$.

Troisième cas lorsque $\text{tang}. AB = \text{tang}. BC.$

46. L'équation (n°. 21) devient $r. \cot. C = \cos. BC. \text{tang}. \frac{1}{2}. B$.

47. Quand AB et BC sont de même espèce, γ est aigu ; quand ils sont d'espèce différente, γ (n°. 22) est obtus : φ est indifféremment (n°. 24) aigu ou obtus : $\frac{1}{2} B$ est toujours aigu. Cette discussion résoud les problêmes suivans.

48. Prob. Etant donnés deux côtés AB, BC avec l'angle C oposé au côté AB, déterminer l'angle B compris entre les côtés AB, BC.

Premier cas lorsque $\text{tang}. AB > \text{tang}. BC.$

Sol. Faites 1°. $\text{tang}. AB : \text{tang}. BC :: r : \cos. \gamma$, 2°. $\cot. C : \cos. BC :: \sin. \gamma : \text{tang}\, \varphi$, 3°. $r : \text{tang}. \frac{1}{2} \gamma :: \frac{\text{tang}.}{\cot.} \frac{1}{2} : \text{tang}. \frac{1}{2} B$.

La demie différence des racines est donnée par la proportion $\cos. BC : \cot. C :: r : \text{tang}. \frac{1}{2} (B - b)$.

Second cas lorsque tang. BC > tang. AB.

Sol. Faites 1°. *tang. BC* : *tang. AB* : : *r* : *cos.* γ, 2°. *cot. C* : *cos. BC* : : *tang.* γ : *sin.* φ, 3°. *r* : *tang.* $\frac{1}{2}\gamma$: : $\frac{tang.}{cot.}$ $\frac{1}{2}\varphi$: *tang.* $\frac{1}{2}B$.

La demie somme des racines est donnée par la proportion *cos. BC* : *cot. C* : : *r* : *tang.* $\frac{1}{2}$. $(B + b)$.

Troisième cas lorsque tang. AB = tang. BC.

Sol. Faites *cos. BC* : *cot. C* : : *r* : *tang.* $\frac{1}{2}$ *B*.

49. Prob. Etant donnés deux côtés *AB*, *BC* avec l'angle compris *B*, déterminer l'angle *C* oposé au côté *AB*. *Voyez* n°. 16.

Premier cas lorsque tang. AB > tang. BC.

Sol. Faites 1°. *tang. AB* : *tang. BC* : : *r* : *cos.* γ, 2°. *tang.* $\frac{1}{2}\gamma$: *tang.* $\frac{1}{2}$ *B* : : *r* : $\frac{tang.}{cot.}$ $\frac{1}{2}\varphi$, 3°. *tang.* φ : *sin.* γ : : *cos. BC* : *cot. C*.

Second cas lorsque tang. BC > tang. AB.

Sol. Faites 1°. *tang. BC* : *tang. AB* : : *r* : *cos.* γ, 2°. *tang.* $\frac{1}{2}\gamma$: *tang.* $\frac{1}{2}$ *B* : : *r* : $\frac{tang.}{cot.}$ $\frac{1}{2}\varphi$, 3°. *sin.* φ : *tang.* γ : : *cos. BC* : *cot. C*.

Troisième cas lorsque tang. AB = tang. BC.

Sol. Faites *r* : *tang.* $\frac{1}{2}$ *B* : : *cos. BC* : *cot. C*.

50. Exemple. Soit $AB = 84°$, $BC = 43° 52' 20''$, $C = 163° 50'$, et cherchons *B*. Parce que *tang. AB* > *tang. BC*, je suis dans le premier cas, et parce que *AB* et *BC* sont de même espèce, γ (n°. 47) est aigu. La première proportion donne $\gamma = 84° 12'$ et $\frac{1}{2}\gamma = 42° 6'$; la seconde proportion donne $\varphi = 11° 44' 40''$ et $\frac{1}{2}\varphi = 5° 52' 20''$; la troisième proportion donne $\frac{1}{2}B = 5° 18' 35''$ et $\frac{1}{2}B = 83° 30' 20''$. Donc les deux racines sont $B = 10° 37' 10''$ et $B = 167° 0' 40''$. On

trouve 78° 11′ 40″ pour demie différence des deux racines, et 156° 23′ 20″ pour différence.

Pour vérifier cette solution, je supose $AB = 84°$, $BC = 43° 52' 20''$, et $B = 10° 37' 10''$, et je trouve effectivement $C = 163° 50'$; mais si je supose $AB = 84°$, $BC = 43° 52' 20''$, et $B = 167° 0' 40''$, je trouve $C =$ *supl.* $163° 50' = 16° 10'$. La table du n°. 14 m'avertit (2e. comb.) que quand on a *AB* et *BC* aigus avec *B* obtus, il faut que *C* soit aigu.

ARTICLE IV.

Reprise de l'équation cos. BC. cos. B $=$ sin. BC. cot. AB $-$ sin. B. cot. C.

Premier cas lorsque tang. C $>$ tang. B.

51. Je fais *r. tang. B = tang. C. cos.* γ, *r. cot. AB = cos. B. tang. m*, et $BC = z$; l'équation devient *r. cos. z — sin. z. tang. m* $+$ *r. cos.* $\gamma = 0$.

Second cas lorsque tang. B $>$ tang. C.

52. Je fais *r. tang. C = tang. B. cos.* γ, *r. cot. AB = cos. B. tang. n*, et $BC = z$: l'équation devient *r. cos. z — sin. z. tang. n* $+$ *r. sec.* $\gamma = 0$.

Troisième cas lorsque tang. B $=$ tang. C.

53. L'équation devient (n°. 21) *r. cot. AB = cos. B. tang.* $\frac{1}{2}$ *BC*.

54. Si les angles *B* et *C* sont de même espèce, γ (n°. 22) est obtus : s'ils sont d'espèce différente, γ est aigu. La suposition primitive est que *B* et *AB* soient d'espèce différente; mais peu importe pour l'espèce de l'angle φ, qui est (n°. 24) indifféremment aigu ou obtus : $\frac{1}{2}$ *BC* est toujours aigu. Cette discussion résoud les problêmes suivans.

55. Prob. Etant donnés les angles B et C avec le côté AB oposé à l'angle C, déterminer le côté BC apuyé sur les angles B et C.

Premier cas lorsque tang. C > tang. B.

Sol. Faites 1°. $tang.\ C : tang.\ B :: r : cos.\ \gamma$, 2°. $cot.\ AB : cos.\ B :: sin.\ \gamma : tang.\ \varphi$, 3°. $r : tang.\ \frac{1}{2}\gamma :: \frac{tang.}{cot.}\ \frac{1}{2}\varphi : tang.\ \frac{1}{2} BC$.

La demie différence des racines est donnée par la proportion $cos.\ B : cot.\ AB :: r : tang.\ \frac{1}{2}(BC - bc)$.

Second cas lorsque tang. B > tang. C.

Sol. Faites 1°. $tang.\ B : tang.\ C :: r : cos.\ \gamma$, 2°. $cot.\ AB : cos.\ B :: tang.\ \gamma : sin.\ \varphi$, 3°. $r : tang.\ \frac{1}{2}\gamma :: \frac{tang.}{cot.}\ \frac{1}{2}\varphi : tang.\ \frac{1}{2} BC$.

La demie somme des racines est donnée par la proportion $cos.\ B : cot.\ AB :: r : tang.\ \frac{1}{2}(BC + bc)$.

Troisième cas lorsque tang. B = tang. C.

Sol. Faites $cos.\ B : cot.\ AB :: r : tang.\ \frac{1}{2} BC$.

56. Prob. Etant donnés deux angles B et C avec le côté compris BC, déterminer le côté AB oposé à l'angle C. *Voyez* n°. 17.

Premier cas lorsque tang. C > tang. B.

Sol. Faites 1°. $tang.\ C : tang.\ B :: r : cos.\ \gamma$, 2°. $tang.\ \frac{1}{2}\gamma : tang.\ \frac{1}{2} BC :: r : \frac{tang.}{cot.}\ \frac{1}{2}\varphi$, 3°. $tang.\ \varphi : sin.\ \gamma :: cos.\ B : cot.\ AB$.

Second cas lorsque tang. B > tang. C.

Sol. Faites 1°. $tang.\ B : tang.\ C :: r : cos.\ \gamma$, 2°. $tang.\ \frac{1}{2}\gamma : tang.\ \frac{1}{2} BC :: r : \frac{tang.}{cot.}\ \frac{1}{2}\varphi$, 3°. $sin.\ \varphi : tang.\ \gamma :: cos.\ B : cot.\ AB$.

Troisième cas lorsque tang. B = tang. C.

Sol. Faites $r : tang. \frac{1}{2} BC :: cos. B : cot. AB$.

57. Exemple. Soit $B = 10^\circ\ 37'\ 10''$, $C = 163^\circ\ 50'$, $AB = 84^\circ$, et cherchons BC. Puisque $tang.\ C > tang.\ B$, je suis dans le premier cas, et parce que les angles B et C sont d'espèce différente, γ (n°. 54) est aigu. La première proportion donne $\gamma = 49^\circ\ 42'\ 10''$, et $\frac{1}{2}\gamma = 24^\circ\ 51'\ 5''$; la seconde proportion donne $\varphi = 82^\circ\ 1'\ 10''$, et $\frac{1}{2}\varphi = 41^\circ\ 0'\ 35''$; la troisième proportion donne $\frac{1}{2} BC = 21^\circ\ 56'\ 10''$, et $\frac{1}{2} BC = 28^\circ\ 2'\ 20''$. Donc $BC = 43^\circ\ 52'\ 20''$, et $BC = 56^\circ\ 4'\ 40''$. On trouve $6^\circ\ 6'\ 10''$ pour demie différence des racines, et $12^\circ\ 12'\ 20''$ pour différence.

Pour vérifier cette solution, je supose $B = 10^\circ\ 37'\ 10''$, $C = 163^\circ\ 50'$, et $BC = 43^\circ\ 52'\ 20''$, et je trouve effectivement $AB = 84^\circ$; mais si je supose $B = 10^\circ\ 37'\ 10''$, $C = 163^\circ\ 50'$, et $BC = 56^\circ\ 4'\ 40''$, je trouve $AC = supl.\ 84^\circ = 96^\circ$.

CHAPITRE IV.

APPENDIX SUR LES PARALLAXES DE HAUTEUR.

58. Les quantités qui entrent dans cette théorie sont la hauteur vraie, la hauteur aparente, et leur différence ou la parallaxe de hauteur. La comparaison de ces trois quantités, deux à deux, fournit trois combinaisous ou trois problêmes. Soit H la hauteur vraie; h la hauteur aparente, δ la parallaxe de hauteur, et ϖ la parallaxe horizontale.

59. Prob. Déterminer la relation entre h et δ.

Sol. On a (astr.) $r.\ sin.\ \delta = sin.\ \varpi.\ cos.\ h.$

60. Prob. Déterminer la relation entre H et h.

Sol. On a $r.\ sin.\ H - cos.\ H.\ tang.\ h - r.\ sin.\ \varpi = 0.$

61. Si H est l'inconnue, on a (n°s. 19 et 22) $r : cot.\ h :: cos.\ \varpi : tang.\ \varphi$, et $r : tang.\ \frac{1}{2}\ comp.\ \varpi : \genfrac{}{}{0pt}{}{tang.}{cot.}\ \frac{1}{2}\ \varphi : tang.\ \frac{1}{2}\ comp.\ H.$

La différence des racines (n°s. 22 et 23) est donnée par l'équation $H' - H = supl.\ 2\ h.$

Si h est l'inconnue, on a (n°. 24) $tang.\ \frac{1}{2}\ compl.\ \varpi : tang.\ \frac{1}{2}\ compl.\ H :: r : \genfrac{}{}{0pt}{}{tang.}{cot.}\ \frac{1}{2}\ \varphi$, et $cos.\ \varpi : tang.\ \varphi :: r : cot.\ h$, ou $r : cos.\ \varpi :: cot.\ \varphi : tang.\ h.$

62. Les deux racines H' et H sont prises sur le même vertical, mais de côté différent, relativement au zénith ou avec des azimuts qui diffèrent de 180° : donc si les deux hauteurs sont comptées du

même point de l'horizon, il faut à la plus petite substituer son suplément.

63. Exemple. Soit $\pi = 1^\circ$ et $h = 39^\circ\ 13'\ 31''$, nous trouverons $H = 40^\circ$ et $H' = 38^\circ\ 27'$, ou plutôt $H' = 141^\circ\ 33'$. On voit que $H' - H = 101^\circ\ 33' = supl.\ 78^\circ\ 27' = supl.\ 2\,h$.

Si on supose $\pi = 1^\circ$ et $H = 40^\circ$, on trouve $h = 39^\circ\ 13'\ 31''$.

64. Prob. Déterminer la relation entre H et δ.

Sol. On a $r.\,sin.\,H + cos.\,H.\,cot.\,\delta - r.\,cosec.\,\pi = 0$.

65. Si H est l'inconnue, on a (n°s. 19 et 22) $r : tang.\,\delta :: cot.\,\pi : sin.\,\varphi$, et $r : tang.\,\frac{1}{2}\,comp.\,\pi :: \frac{tang.}{cot.}\,\frac{1}{2}\,\varphi : tang.\,\frac{1}{2}\,comp.\,H$.

La somme des racines (n°s. 22 et 23) est donnée par l'équation $H' + H = 2\delta$.

Si δ est l'inconnue, on a $tang.\,\frac{1}{2}\,comp.\,\pi : tang.\,\frac{1}{2}\,comp.\,H :: r : \frac{tang.}{cot.}\,\frac{1}{2}\,\varphi$, et $cot.\,\pi : sin.\,\varphi :: r : tang.\,\delta$, ou $r : sin.\,\varphi :: tang.\,\pi : tang.\,\delta$.

66. Exemple. Si $\pi = 1^\circ$ et $\delta = 0^\circ\ 46'\ 29''$, nous trouverons $H = 40^\circ$ et $H' = 38^\circ\ 27'$, ou plutôt $H' = 141^\circ\ 33'$. On voit que $H' + H = 181^\circ\ 33' = 180^\circ + 2\,\delta$.

Si on supose $\pi = 1^\circ$ et $H = 40^\circ$, on trouve $\delta = 0^\circ\ 46'\ 29''$.

67. Prob. Etant donnée la hauteur vraie, déterminer la relation entre la hauteur apparente, et la parallaxe horizontale.

Sol. Je mets l'équation du n°. 60 sous la forme suivante : $r^2 = tang.\,h.\,cot.\,H + sin.\,\pi.\,cosec.\,H$; je fais $tang.\,h.\,cot.\,H = sin^2.\,\xi$, et $sin.\,\pi.\,cosec.\,H = cos^2.\,\xi$, ou $sin.\,H.\,cos^2.\,\xi = r^2.\,sin.\,\pi$. Donc je peux conclure π de h, et h de π.

68. Exemple. Soit $H = 40^\circ$, $h = 39^\circ\ 13'\ 31''$, et cherchons π : je trouve d'abord $\xi = 80^\circ\ 31'$, et ensuite $\pi = 1^\circ$. Ou bien soit $H = 40^\circ$, $\pi = 1^\circ$, et cherchons h : je trouve d'abord $\xi = 80^\circ\ 31'$, et ensuite $h = 39^\circ\ 13'\ 31''$.

69. Prob. Etant donnée la hauteur vraie, déterminer la relation entre la parallaxe de hauteur et la parallaxe horizontale.

Sol. Je mets l'équation du n°. 64 sous la forme suivante : $r^2. =$ *cosec.* π. *cosec.* H — *cot.* ♌. *cot.* H ; je fais *cot.* ♌. *cot.* $H =$ *tang*^{2}. ξ et *cosec.* π. *cosec.* $H =$ *sec*^{2}. ξ, ou *sin.* π. *sin.* $H =$ *cos*^{2}. ξ. Donc je peux conclure π de ♌, et ♌ de π.

70. **Exemple.** Soit $H = 40°$ et $\pi = 1°$, et cherchons ♌ : je trouve d'abord $\xi = 83° 55' 10''$, et ensuite ♌ $= 0° 46' 29''$. Ou bien soit $H = 40°$ et ♌ $= 0° 46' 29''$, et cherchons π : je trouve d'abord $\xi = 83° 55' 10''$, et ensuite $\pi = 1°$.

CHAPITRE V.

ABRÉGÉ DE LA TRIGONOMÉTRIE SPHÉRIQUE.

71. TOUTE la théorie d'un triangle sphérique ABC est comprise dans les trois équations suivantes :

1°. $r^3 = cos.\ AB.\ sec.\ AC.\ sec.\ BC. - cos.\ C.\ tang.\ AC.\ tang.\ BC.$

2°. $r^3 = tang.\ B.\ tang.\ C.\ cos.\ BC - cos.\ A.\ sec.\ B.\ sec.\ C.$

3°. $r^3 = tang.\ BC.\ cot.\ AB.\ sec.\ B - tang.\ B.\ cot.\ C.\ sec.\ BC.$

72. Les signes suposent que toutes les parties sont aiguës : si une partie connue est obtuse, il faut changer le signe des termes affectés de cette partie.

Premier cas lorsque l'équation ne contient qu'une fonction de la partie inconnue.

73. Si, dans le second membre de l'équation, un terme est positif et l'autre négatif, j'égale le terme positif à $r.\ sec^2.\ \xi$, et le terme négatif à $r.\ tang^2.\ \xi$: s'ils sont tous deux positifs, j'égale l'un à $r.\ sin^2.\ \xi$, et l'autre à $r.\ cos^2.\ \xi$. De ces deux nouvelles relations, l'une donne la valeur de ξ, et l'autre la valeur de l'inconnue.

74. Si, pour valeur de ξ, je trouve $sin.\ \xi > r$ ou $cos.\ \xi > r$, j'en conclus que la partie inconnue est obtuse, et qu'il faut changer le signe des termes affectés de cette partie : je tire la même conclusion si les deux termes sont négatifs.

Second cas lorsque l'équation contient deux fonctions de la partie inconnue.

Solution de la première équation.

75. Si $\cos. AC > \cos. AB$, faites 1°. $\cos. AC : \cos. AB :: r : \cos. \gamma$, 2°. $\cos. C : \cot. AC :: \sin. \gamma : \text{tang.}\ \varphi$, 3°. $r : \text{tang.}\ \frac{1}{2}\gamma :: \begin{smallmatrix}\text{tang.}\\ \text{cot.}\end{smallmatrix}\ \frac{1}{2}\varphi : \text{tang.}\ \frac{1}{2} BC$.

Si $\cos. AB > \cos. AC$, faites 1°. $\cos. AB : \cos. AC :: r : \cos. \gamma$, 2°. $\cos. C : \cot. AC :: \text{tang.}\ \gamma : \sin. \varphi$, 3°. $r : \text{tang.}\ \frac{1}{2}\gamma :: \begin{smallmatrix}\text{tang.}\\ \text{cot.}\end{smallmatrix}\ \frac{1}{2}\varphi : \text{tang.}\ \frac{1}{2} BC$.

Si $\cos. AB = \cos. AC$, faites $r : \cos. C :: \text{tang.}\ AC : \text{tang.}\ \frac{1}{2} BC$.

Quand AB et AC sont de même espèce, γ est aigu.

Solution de la seconde équation.

76. Si $\cos. B > \cos. A$, faites 1°. $\cos. B : \cos. A :: r : \cos. \gamma$, 2°. $\cos. BC : \cot. B :: \sin. \gamma : \text{tang.}\ \varphi$, 3°. $r : \text{tang.}\ \frac{1}{2}\gamma :: \begin{smallmatrix}\text{tang.}\\ \text{cot.}\end{smallmatrix}\ \frac{1}{2}\varphi : \text{tang.}\ \frac{1}{2} C$.

Si $\cos. A > \cos. B$, faites 1°. $\cos. A : \cos. B :: r : \cos. \gamma$, 2°. $\cos. BC :: \cot. B :: \text{tang.}\ \gamma : \sin. \varphi$, 3°. $r : \text{tang.}\ \frac{1}{2}\gamma :: \begin{smallmatrix}\text{tang.}\\ \text{cot.}\end{smallmatrix}\ \frac{1}{2}\varphi : \text{tang.}\ \frac{1}{2} C$.

Si $\cos. A = \cos. B$, faites $r : \cos. BC :: \text{tang.}\ B : \text{tang.}\ \frac{1}{2} C$.

Quand A et B sont de même espèce, γ est obtus.

Première solution de la troisième équation.

77. Si $\text{tang.}\ AB > \text{tang.}\ BC$, faites 1°. $\text{tang.}\ AB : \text{tang.}\ BC :: r : \cos. \gamma$, 2°. $\cot. C : \cos. BC :: \sin. \gamma : \text{tang.}\ \varphi$, 3°. $r : \text{tang.}\ \frac{1}{2}\gamma :: \begin{smallmatrix}\text{tang.}\\ \text{cot.}\end{smallmatrix}\ \frac{1}{2}\varphi : \text{tang.}\ \frac{1}{2} B$.

Si $\text{tang.}\ BC > \text{tang.}\ AB$, faites 1°. $\text{tang.}\ BC : \text{tang.}\ AB :: r :$

cos. γ, 2°. *cot.* C : *cos.* BC :: *tang.* γ : *sin.* φ, 3°. r : *tang.* $\frac{1}{2}\gamma$ :: $\begin{matrix}\textit{tang.}\\\textit{cot.}\end{matrix}$ $\frac{1}{2}\varphi$: *tang.* $\frac{1}{2}B$.

Si *tang.* $AB =$ *tang.* BC, faites *cos.* BC : *cot.* C :: r : *tang.* $\frac{1}{2}B$.

Quand AB et BC sont de même espèce, γ est aigu.

Seconde solution de la troisième équation.

78. Si *tang.* $C >$ *tang.* B, faites 1°. *tang.* C : *tang.* B :: r : *cos.* γ, 2°. *cot.* AB : *cos.* B :: *sin.* γ : *tang.* φ, 3°. r : *tang.* $\frac{1}{2}\gamma$ :: $\begin{matrix}\textit{tang.}\\\textit{cot.}\end{matrix}$ $\frac{1}{2}\varphi$: *tang.* $\frac{1}{2}BC$.

Si *tang.* $B >$ *tang.* C, faites 1°. *tang.* B : *tang.* C :: r : *cos.* γ, 2°. *cot.* AB : *cos.* B :: *tang.* γ : *sin.* φ, 3°. r : *tang.* $\frac{1}{2}\gamma$ :: $\begin{matrix}\textit{tang.}\\\textit{cot.}\end{matrix}$ $\frac{1}{2}\varphi$: *tang.* $\frac{1}{2}BC$.

Si *tang.* $B =$ *tang.* C, faites *cos.* B : *cot.* AB :: r : *tang.* $\frac{1}{2}BC$.

Quand B et C sont de même espèce, φ est obtus.

CHAPITRE VI.

CHAPITRE VI.

ÉQUATIONS DIFFÉRENTIELLES AU TRIANGLE SPHÉRIQUE.

79. Les trois équations (n°. 71) au triangle sphérique *ABC* ont pour différentielles,

1°. $r^2. diff. AB = r. cos. A. diff. AC + r. cos. B. diff. BC + sin. AC. sin. A. dC.$

2°. $r^2 dA = sin. B. sin. AB. diff. BC - r. cos. AB. dB - r. cos. AC. dC.$

3°. $r. sin. A. diff. AB = sin. C. cos. AC. diff. BC + sin. AB. cos. A. dB + r. sin. AC. dC.$

80. Dans chacune de ces trois équations, les quatre parties comparées sont celles qui présentent leurs différentielles : les deux autres parties du même triangle ne sont introduites que comme égales à des fonctions plus compliquées des quatre parties principales, et pour tenir lieu de ces fonctions.

Intégration par un triangle sphérique.

81. Dans le triangle *ABC*, je supose constans l'angle *C* et le côté oposé *AB* : leurs sinus sont donc aussi dans un raport constant. Je nomme $: c : r$ le raport du sinus de *C* au sinus de *AB* : ce sera également le raport du sinus d'un angle quelconque du même triangle au sinus du côté oposé, quoique les deux autres angles et les deux

autres côtés soient variables. J'ai donc $c : r :: \sin. A : \sin. BC ::$ $\sin. B : \sin. AC :: \sin. C : \sin. AB$. Soit algébriquement $AB = \mu$, $AC = \varphi$, et $BC = \psi$; ces proportions deviendront $c : r :: \sin. A :$ $\sin. \psi :: \sin. B : \sin. \varphi :: \sin. C : \sin. \mu$. Donc $r. \sin. A = c. \sin. \psi$, $r. \sin. B = c. \sin. \varphi$, et $r. \sin. C = c. \sin. \mu$; donc $r. \cos. A =$ $\sqrt{r^4 - c^2. \sin^2. \psi}$, $r. \cos. B = \sqrt{r^4 - c^2. \sin^2. \varphi}$, et $r. \cos. C =$ $\sqrt{r^4 - c^2. \sin^2. \mu}$. Substituons ces valeurs analytiques des trois côtés et des cosinus des trois angles dans l'équation algébrique du n°. 1, et dans la première équation différentielle du n°. 79, nous trouverons $r^3. \cos. \mu - r^2. \cos. \varphi. \cos. \psi = \sin. \varphi. \sin. \psi. \sqrt{r^4 - c^2. \sin^2 \mu}$, et $d\varphi. (r^4 - c^2. \sin^2. \varphi)^{-\frac{1}{2}} + d\psi. (r^4 - c^2. \sin^2. \psi)^{-\frac{1}{2}} = 0$. Donc la seconde équation a pour intégrale la première : la quantité $\sqrt{r^4 - c^2. \sin^2. \mu}$ est la constante introduite par l'intégration. Les variables φ et ψ sont deux côtés d'un triangle sphérique dont le troisième côté est constant, ainsi que l'angle qui lui est oposé.

CHAPITRE VII.

USAGES DE L'ELLIPSE POUR QUELQUES INTÉGRATIONS.

82. L'ÉLÉMENT d'un arc d'ellipse peut avoir autant d'expressions qu'on peut imaginer de coordonnées à l'ellipse : il faut donc se mettre sous les yeux une liste des expressions les plus usitées. Si une différentielle proposée se trouve comprise dans cette liste, on reconnoît qu'elle est l'élément d'un arc d'ellipse.

83. Soit r le sinus total et à la fois (n°. 19) le demi grand axe d'une ellipse, et sa ligne des abscisses, b ou $sin.\ \gamma$ le demi petit axe, c ou $cos.\ \gamma$ la demie excentricité, a ou $\frac{1}{2}\ sin.\ v\ 2\ \gamma$ le demi paramètre du grand axe, x l'abscisse prise sur le grand axe, quelle que soit l'origine des coordonnées, y l'ordonnée, t le rayon vecteur, h la perpendiculaire sur la tangente abaissée de l'origine des coordonnées, f la normale, Λ une troisième proportionnelle au demi paramètre du grand axe et à la normale, z l'angle du rayon vecteur avec la ligne des abscisses, m l'angle de la ligne des abscisses avec la tangente, n l'angle de la tangente avec le rayon vecteur, et φ l'arc de l'excentrique.

84. Expressions de l'élément d'un arc d'ellipse, quel que soit le point du grand axe pris pour origine des coordonnées.

1°. $r^2 b^{-1} f^2 df. (f^2 r^2 - b^4)^{-\frac{1}{2}}. (b^2 - f^2)^{-\frac{1}{2}}.$

2°. $\frac{1}{2} d\Lambda. \sqrt{r\Lambda}. (r - \Lambda)^{-\frac{1}{2}}. (\Lambda - a)^{-\frac{1}{2}}.$

3°. $b^2 r^4 dm. (r^4 - c^2. cos^2. m)^{-\frac{3}{2}}$.

4°. $b^{-1} dy. (c^2 y^2 + b^4)^{\frac{1}{2}}. (b^2 - y^2)^{-\frac{1}{2}}$.

5°. $r^{-2} d\varphi. \sqrt{r^4 - c^2. cos^2. \varphi}$.

85. Expressions de l'élément d'un arc d'ellipse, quand le foyer est pris pour origine des coordonnées.

6°. $8 b^2 h^2 r^2 dh. (b^2 + h^2)^{-2}. (4 h^2 r^2 - \overline{b^2 + h^2}^2)^{-\frac{1}{2}}$.

7°. $b^2 r^2 dn. sin.^{-2}. n. (sin^2. n - b^2)^{-\frac{1}{2}}$.

8°. $dt. (2 rt - t^2)^{\frac{1}{2}}. (2 rt - t^2 - b^2)^{-\frac{1}{2}}$.

9°. $r^{-1} dx. (r^4 - c^2 \overline{c - x}^2)^{\frac{1}{2}}. (r^2 - \overline{c - x}^2)^{-\frac{1}{2}}$.

10°. $b^2 r dz. (r^2 + c^2 - 2 c. cos. z)^{\frac{1}{2}}. (r^2 - c. cos. z)^{-1}$.

86. Expressions de l'élément d'un arc d'ellipse, quand le centre est pris pour origine des coordonnées.

11°. $b^2 r^2 h^{-2} dh. (r^2 - h^2)^{-\frac{1}{2}}. (h^2 - b^2)^{-\frac{1}{2}}$.

12°. $\frac{1}{2} r^{-1}. sec. n. diff. \sqrt{r^2 + b^2 + 2 b. cosec. n} \pm$
$\frac{1}{2} r^{-1}. sec. n. diff. \sqrt{r^2 + b^2 - 2 b. cosec. n}$.

13°. $tdt. (r^2 + b^2 - t^2)^{\frac{1}{2}}. (r^2 - t^2)^{-\frac{1}{2}}. (t^2 - b^2)^{-\frac{1}{2}}$.

14°. $r^{-1} dx. (r^4 - c^2 x^2)^{\frac{1}{2}}. (r^2 - x^2)^{-\frac{1}{2}}$.

15°. $b. diff. tang. z. (b^4 + r^2. tang^2. z)^{\frac{1}{2}}. (b^2 + tang^2. z)^{-\frac{3}{2}}$.

87. La quatorzième formule a été réduite en suite infinie et intégrée par Volf, T. I, p. 467, n°. 172, et la cinquième par Callet, *Tables de Logarithmes*, édition de 1795. Pour ramener à l'un de ces deux modèles la formule dont on a besoin, il faut se servir de la rélation entre les variables. On propose d'intégrer la troisième formule $b^2 r^4 dm. (r^4 - c^2. cos^2. m)^{-\frac{3}{2}}$; je prends pour modèle l'intégrale de la cinquième $r^{-2} d\varphi. \sqrt{r^4 - c^2. cos^2. \varphi}$, et dans cette intégrale, à chaque fonction de φ je substitue sa valeur en m donnée par l'équation $tang. m. tang. \varphi = b r$.

88. Puisque chacune des formules désigne le même élément, on peut égaler une formule quelconque à une autre formule du même cas, ou à une formule du premier cas. L'équation est intégrable, quoique chaque membre pris séparément ne le soit pas : l'intégrale est la relation connue et algébrique entre les deux variables. Egalons la huitième et la neuvième formules, nous formerons une équation en t et en x, dont l'intégrale sera $cx - rt + b^2 = 0$.

89. Il est difficile qu'une différentielle soit l'élément d'un arc d'ellipse sans être une des quinze formules précédentes ; mais il peut arriver qu'elle soit la somme ou la différence de deux arcs d'ellipses, et qu'il soit difficile de s'en apercevoir. On propose la différentielle $dz.\,(r^2 - \cos.\,\gamma.\,\cos.\,z)^{-\frac{1}{2}}$; je supose $gr = \cos^2 \frac{1}{2}\gamma$ et $r\zeta = \cos^2 \frac{1}{2} z$, ce qui donne $\cos.\,\gamma = 2g - r$ et $\cos.\,z = 2\zeta - r$. Substituons dans la proposée ces valeurs de γ et de z, la transformée sera $-d\zeta.\,(2gr + 2r\zeta - 4g\zeta)^{-\frac{1}{2}}.\,\frac{r}{\sqrt{r\zeta - \zeta^2}}$. Mais $\frac{r}{\sqrt{r\zeta - \zeta^2}} = \frac{\sqrt{\zeta}}{\sqrt{r - \zeta}} + \frac{\sqrt{r - \zeta}}{\sqrt{\zeta}}$: donc la transformée est $-\frac{d\zeta.\,\sqrt{\zeta}}{\sqrt{r - \zeta}}.\,(2gr + 2r\zeta - 4g\zeta)^{-\frac{1}{2}} - \frac{d\zeta.\,\sqrt{r - \zeta}}{\sqrt{\zeta}}.\,(2gr + 2r\zeta - 4g\zeta)^{-\frac{1}{2}}$. Chacun de ces deux termes est l'élément d'un arc d'ellipse : c'est la seconde formule.

90. On propose la différentielle $r^2\,dm.\,(r^4 - \cos^2.\,\gamma.\,\cos^2.\,m)^{-\frac{1}{2}}$. Je supose $\cos^2.\,\gamma.\,\cos^2.\,m = r^3\,\xi$, et j'élimine m dans la proposée ; la transformée est $-\frac{r}{2}.\,d\xi.\,(\cos^2.\,\gamma - r\xi)^{-\frac{1}{2}}.\,\frac{r}{\sqrt{r\xi - \xi^2}}$. Mais $\frac{r}{\sqrt{r\xi - \xi^2}} = \frac{\sqrt{\xi}}{\sqrt{r - \xi}} + \frac{\sqrt{r - \xi}}{\sqrt{\xi}}$; donc la transformée est $-\frac{r^2}{2}.\,d\xi.\,\frac{\sqrt{\xi}}{\sqrt{r - \xi}}.\,(\cos^2.\gamma - r\xi)^{-\frac{1}{2}} - \frac{r^2}{2}.\,d\xi.\,\frac{\sqrt{r - \xi}}{\sqrt{\xi}}.\,(\cos^2.\gamma - r\xi)^{-\frac{1}{2}}$. Chacun de ces deux termes est encore la seconde formule.

91. La relation entre φ et z relativement au foyer, est $sin.\ \varphi = \frac{r.\ sin.\ \gamma.\ sin.\ z}{r^2 - cos.\ \gamma.\ cos.\ z}$ et $cos.\ \varphi = \frac{r^2.(cos.\ \gamma - cos.\ z)}{r^2 - cos.\ \gamma.\ cos.\ z}$; donc $d\varphi = \frac{-r\,dz.\ sin.\ \gamma}{r^2 - cos.\ \gamma.\ cos.\ z}$. La valeur de $cos.\ \varphi$ donne $cos.\ z = \frac{r^2.(cos.\ \gamma - cos.\ \varphi)}{r^2 - cos.\ \gamma.\ cos.\ \varphi}$; cette valeur de $cos.\ z$ portée dans la valeur de $sin.\ \varphi$, donne $sin.\ z = \frac{r.\ sin.\ \gamma.\ sin.\ \varphi}{r^2 - cos.\ \gamma.\ cos.\ \varphi}$; donc $dz = \frac{-r\,d\varphi.\ sin.\ \gamma}{r^2 - cos.\ \gamma.\ cos.\ \varphi}$. Egalons les deux valeurs de $\frac{dz}{d\varphi}$, nous trouverons $r^2 - cos.\ \gamma.\ cos.\ z = r^2.\ sin^2.\ \gamma.\ (r^2 - cos.\ \gamma.\ cos.\ \varphi)^{-1}$. On tire de là $(r^2 - cos.\ \gamma.\ cos.\ z)^{-l} = (r.\ sin.\ \gamma)^{-2l}.(r^2 - cos.\ \gamma.\ cos.\ \varphi)^{l}$; donc $dz.(r^2 - cos.\ \gamma.\ cos.\ z)^{-l} = -d\varphi.(r.\ sin.\ \gamma)^{-2l+1}.(r^2 - cos.\ \gamma.\ cos.\ \varphi)^{l-1}$. L'utilité de cette transformation est de donner un exposant positif à la fonction variable, au lieu d'un exposant négatif : la transformée est intégrable toutes les fois que l est un nombre entier.

92. L'équation $tang.\ m.\ tang.\ \varphi = r.\ sin.\ \gamma$ donne $dm = \frac{r^3\,d\varphi.\ sin.\ \gamma}{r^4 - cos^2.\ \gamma.\ cos^2.\ \varphi}$ et $d\varphi = \frac{r^3\,dm.\ sin.\ \gamma}{r^4 - cos^2.\ \gamma.\ cos^2.\ m}$: égalons les deux valeurs de $\frac{dm}{d\varphi}$, nous trouverons $r^4 - cos^2.\ \gamma.\ cos^2.\ m = r^6.\ sin^2.\ \gamma.\ (r^4 - cos^2.\ \gamma.\ cos^2.\ \varphi)^{-1}$. On tire de là $(r^4 - cos^2.\ \gamma.\ cos^2.\ m)^{-l} = (r^3.\ sin.\ \gamma)^{-2l}.(r^4 - cos^2.\ \gamma.\ cos^2.\ \varphi)^{l}$: donc $dm.(r^4 - cos^2.\ \gamma.\ cos^2.\ m)^{-l} = d\varphi.(r^3.\ sin.\ \gamma)^{-2l+1}.(r^4 - cos^2.\ \gamma.\ cos^2.\ \varphi)^{l-1}$. Quand l est un nombre entier, la transformée est intégrable.

CHAPITRE VIII.

DES FORMULES ASTRONOMIQUES.

93. Quoique les formules astronomiques ne soient que des exemples des formules trigonométriques, il est avantageux d'avoir sous les yeux cette aplication arrangée et préparée. Soit donc l la latitude d'un lieu pour lequel on calcule, g la déclinaison d'un astre, p sa hauteur sur l'horizon, h son angle horaire, f son angle parallactique ou l'angle du cercle horaire avec le vertical : la trigonométrie sphérique donnera

1°. $r^2. sin. l = r. sin. g. sin. p + cos. f. cos. g. cos. p$,
2°. $r^2. sin. p = r. sin. g. sin. l + cos. g. cos. h. cos. l$,
3°. $cos. g. tang. l = sin. g. cos. h + sin. h. cot. f$,
4°. $cos. g. tang. p = sin. g. cos. f + sin. f. cot. h$,
5°. $sin. f. cos. p = sin. h. cos. l$.

94. Ces formules suposent pour l que la latitude du lieu, et pour g que la déclinaison du soleil sont boréales, pour p que l'astre est sur l'horizon, pour f et pour h que ces angles sont comptés continuement depuis midi. Pour les arcs g, l, et p, le cosinus est toujours positif ; mais le sinus devient négatif si on quitte la suposition primitive. Pour les angles f et h, les signes du sinus et du cosinus dépendent du nombre des degrés.

95. Si on supose constants les arcs g et l, les formules précédentes donnent

1°. $r.\sin.f.\,df = r.\tang.g.\,dp - \cos.f.\tang.p.\,dp$,
2°. $r^2.df = \cos.f.\cos.g.\tang.p.\,dh - r^2.\sin.g.\,dh$,
3°. $\sin.f.\,dh + \sec.g.\,dp = 0$.

96. Soit ω l'obliquité de l'écliptique, β la distance d'un astre au pole boréal de l'équateur, λ sa distance au pole boréal de l'écliptique, μ sa distance en ascension droite à l'équinoxe de mars précédent, χ sa distance au même point en longitude : la trigonométrie sphérique donnera

1°. $r^2.\cos.\beta = r.\cos.\lambda.\cos.\omega + \sin.\lambda.\sin.\chi.\sin.\omega$,
2°. $r^2.\cos.\lambda = r.\cos.\beta.\cos.\omega + \sin.\beta.\sin.\mu.\sin.\omega$,
3°. $\sin.\mu.\cos.\omega = \sin.\omega.\cot.\beta - \cos.\mu.\tang.\chi$,
4°. $\sin.\chi.\cos.\omega = \sin.\omega.\cot.\lambda - \cos.\chi.\tang.\mu$,
5°. $\sin.\beta.\cos.\mu = \sin.\lambda.\cos.\chi$.

97. Si λ est constant, comme il l'est pour les étoiles, on a

1°. $r.\cos.\mu.\,d\mu = r.\cot.\omega.\,d\beta - \sin.\mu.\cot.\beta.\,d\beta$,
2°. $r^2.\,d\mu = r^2.\cos.\omega.\,d\chi - \sin.\omega.\sin.\mu.\cot.\beta.\,d\chi$,
3°. $\cos.\mu.\,d\chi + \mathrm{cosec}.\omega.\,d\beta = 0$.

98. Soit C le lieu du soleil sur l'écliptique, B l'intersection de l'écliptique et de l'équateur, et A le point où le cercle de déclinaison rencontre l'équateur : on aura

1°. $\mathrm{diff.}\,AB : \mathrm{diff.}\,AC :: 2\,\tang.AB : \sin.2\,AC$,
2°. $\mathrm{diff.}\,AB : \mathrm{diff.}\,BC :: \sin.2\,AB : \sin.2\,BC$,
3°. $\mathrm{diff.}\,AC : \mathrm{diff.}\,BC :: \tang.AC : \tang.BC$,
4°. $dC : \mathrm{diff.}\,AB :: \tang.AB : \tang.C$,
5°. $dC : \mathrm{diff.}\,AC :: \tang.AC : \cot.C$,
6°. $dC : \mathrm{diff.}\,BC :: \tang.BC : 2\,\mathrm{cosec}.2\,C$.

FIN.

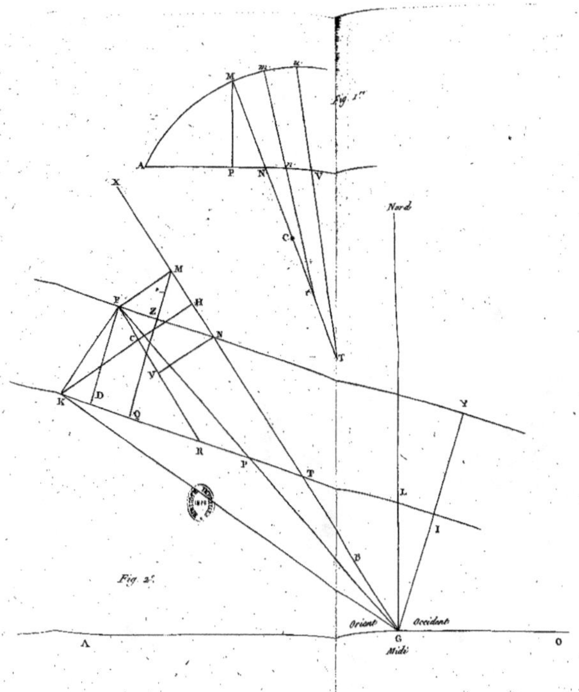

Fig. 1re

Fig. 2e

www.ingramcontent.com/pod-product-compliance
Lightning Source LLC
Chambersburg PA
CBHW072345200326
41519CB00015B/3667
* 9 7 8 2 0 1 3 7 0 5 2 9 5 *